Jeovani Salomão

NA VELOCIDADE DA TECNOLOGIA

Jeovani Salomão

NA VELOCIDADE DA TECNOLOGIA

A transformação digital e os impactos na sociedade

:ns

São Paulo, 2023

Na velocidade da tecnologia

EDITOR: Luiz Vasconcelos
GERENTE EDITORIAL: Letícia Teófilo
CONSULTORIA EDITORAL: Lidyane Lima
PREPARAÇÃO: Eliana Rocha
DIAGRAMAÇÃO: Mariana Gomes
REVISÃO: Luciene Ribeiro dos Santos de Freitas e Lidyane Lima
CAPA: Kelson Spalato

Texto de acordo com as normas do Novo Acordo Ortográfico da Língua Portuguesa (1990), em vigor desde 1º de janeiro de 2009.

Dados Internacionais de Catalogação na Publicação (CIP)
Angélica Ilacqua CRB-8/7057

Salomão, Jeovani
Na velocidade da tecnologia: a transformação digital e os impactos na sociedade / Jeovani Salomão. -- Barueri, SP: Novo Século Editora, 2023
256p.

ISBN 978-65-5561-537-1

1. Tecnologia e civilização 2. Reflexões I. Título

23-2075 CDD 303.483

Índice para catálogo sistemático:
1. Tecnologia e civilização 2. Reflexões

grupo novo século

GRUPO NOVO SÉCULO
Alameda Araguaia, 2190 – Bloco A – 11º andar – Conjunto 1111
CEP 06455-000 – Alphaville Industrial, Barueri – SP – Brasil
Tel.: (11) 3699-7107 | E-mail: atendimento@gruponovoseculo.com.br
www.gruponovoseculo.com.br

Aos meus pais, José Miguel Salomão
(in memoriam) *e Geny Ferreira Salomão,*
por me proporcionarem o dom da vida e por me
ensinarem o que dela é o mais importante,
por meio do exemplo.

*"O otimista pode até errar,
mas o pessimista já começa
errando."*

Juscelino Kubitschek

AGRADECIMENTOS

Em minhas aventuras culinárias, criei uma máxima pela qual eu somente aceito elogios daqueles que repetem. Quem come uma vez só e elogia, no meu paradigma – que reconheço não ser infalível –, o faz por educação. Brincadeiras à parte, é gratificante quando quem consome sua obra, seja ela qual for, aprecia o trabalho desenvolvido. Por isso, meu primeiro agradecimento é dirigido aos leitores, muitos dos quais foram tão generosos que me mantiverem escrevendo a ponto de lançar este segundo livro.

Jamais esquecerei a insistência do amigo Luiz Queiroz, que, além de me incentivar a começar a jornada, sempre publicou meus textos em seu site, "Capital Digital", com a bondosa suposição de que os escritos são de qualidade.

Aos meus filhos, gratidão especial, na medida em que para eles me esforço para ser um exemplo. Bianca, Henrique, Luíza, Gabriela e Camila, amo vocês!

Para meus amigos que deixaram suas aspas no livro – prefácio, orelha e capa final –, afirmo que vocês enriqueceram grandemente a obra, motivo pelo qual Janete Vaz, Jim Poisant, Teresa Paes e Carlos Jacobino merecem o meu muito obrigado!

Por corrigir e melhorar os meus textos, bem como por estruturar o projeto como um todo, devo agradecer e congratular a Lidyane Lima, a qual exerceu papel equivalente em meu primeiro livro, *O futuro é analógico*.

Agradeço aos meus sócios e diversos parceiros da jornada empresarial, por viabilizarem a publicação deste trabalho.

Por fim, e não menos importante, agradecimentos a cada um da editora Novo Século, por conseguirem acelerar todos os prazos e materializar um livro com tanta qualidade gráfica.

Sumário

Prefácio 15
Apresentação 17

Avanços forçados 20
Nas nuvens 25
Mais e mais 29
Vende-se casa por R$ 3 milhões! 32
Inteligência artificial (IA) ou humana? 36
Computês 40
Generalização 44
Parabéns, Brasília! 48
Descubra seu futuro 52
O poder de poder errar 56
A Terra ficará radioativa! 60
O melhor seria investir em matemática 64
Universo restrito, mas muito interessante! 71
Do binário ao irracional 77
Dom de iludir 81
Carlos Alberto 85
Efeito oposto 89

Superficial 94
Usando o futebol como pano de fundo 98
Quando o propósito é o perigo 102
Libertação 106
Colcha de retalhos 110
Seu político vale tanto assim? 114
Enviesado 118
Privatização das empresas públicas de TI 122
O que o Sars-Cov-2,
o iFood e as fake news têm em comum? 126
Tech Skills e Soft Skills 130
Quem mexeu no meu porta-retratos? 134
A lembrança do que esqueci 138
Vygotsky e o metaverso 142
Assim não dá, né, Facebook?! 146
Panem et circenses 150
Só sei que nada sei 155
3% (não contém spoiler!) 160
A privacidade em outra dimensão 164
Desconexão 168
Oh, céus! 172
O avesso do avesso 176
A eterna inquietude humana 181

Os cachorros da minha rua 185
Jogar é preciso, viver também 189
A LGPD e os flanelinhas 194
Digitalização da política 198
Os incríveis e inacreditáveis Brasis 202
A copa da tecnologia 206
Ei, metaverso, estamos indo, viu?! 210
Sim, utilidade pública! 214
Cardápios virtuais 218
Lavar batatas é diferente de lavar arroz 222
O fim a partir do começo 227
Concurso Mundial de Poesia: fase preliminar 233
Data de publicação dos artigos 252

PREFÁCIO

Ao receber o convite do Jeovani para escrever o prefácio deste livro, senti-me ao mesmo tempo honrada e desafiada. Sou empresária da área de saúde e sempre me dediquei à gestão, a compreender e acolher as pessoas – colaboradores e clientes –, suas necessidades e seus sonhos.

Na jornada de empreendedorismo, a tecnologia sempre me acompanhou. Desde que montamos o Sabin, Sandra Costa, minha amiga de vida e sócia, e eu éramos arrojadas, observávamos tudo ao nosso redor. Desejávamos aprender sobre as melhores práticas de qualquer negócio, seja no atendimento, no relacionamento, na comunicação e, claro, nas inovações tecnológicas. Chegamos a ser o primeiro laboratório de análises clínicas do Distrito Federal a informatizar os resultados de exames.

Mesmo com esse histórico, me perguntei qual seria a razão do Jeovani, com toda a sua trajetória empresarial e de representação setorial, me convidar para escrever o prefácio de seu livro.

Ao mergulhar nas páginas de *Na velocidade da tecnologia – a transformação digital e os impactos na sociedade*, me deparei com um texto sobre o Sabin e que fazia menção a mim e a Sandra. Ao perceber que a citação veio em um contexto instigante apresentado por um colaborador nosso, entendi o motivo do convite para fazer o prefácio. No texto, o autor propõe discutir a importância de diferenciar as produções da mente humana e da inteligência artificial, valorizando as relações interpessoais e o coletivo.

Com sensibilidade e cuidado, Jeovani elaborou uma coletânea de textos para discutir valores com analogias que podem ser compreendidas por todos os públicos, e não apenas por especialistas em TI. Esta foi a primeira ligação que descobri com o autor: o Sabin foi construído, ao longo dos anos, a partir da soma de valores que agregam família e empreendedorismo.

De forma clara e objetiva, Jeovani mostra que os avanços tecnológicos não podem se apartar dos princípios essenciais para a vida humana: honestidade, amor e respeito ao próximo, igualdade, dignidade e liberdade. No decorrer do livro, o leitor vai perceber que tecnologia e humanização andam juntas.

Essa é também minha visão como empreendedora. No Sabin, além da qualidade técnica, buscamos a excelência no atendimento. Com o propósito de inspirar pessoas a cuidar de pessoas, queremos olhar nos olhos dos nossos clientes e lhes oferecer um tratamento humanizado. Embora os equipamentos, métodos e processos que utilizamos sejam comparáveis aos melhores do mundo, não abrimos mão do carinho e do amor pelas pessoas.

Ainda falando sobre as afinidades com o autor, convergimos também em reconhecer a importância do fortalecimento do papel da liderança feminina nas organizações, que vem ganhando espaço cada vez maior ano a ano pela capacidade de trabalho, pela sensibilidade, pela resiliência e pela perseverança das mulheres. Em um gesto concreto nessa direção, Jeovani convidou para presidir seu grupo empresarial uma amiga comum, Glória Guimarães, mulher extraordinária e uma das maiores executivas do setor de tecnologia no Brasil.

Para concluir, incentivando o leitor a saborear esta obra fascinante, navego por um dos trechos de que mais gostei do livro. Em uma das poesias do capítulo final, há a seguinte pergunta em uma estrofe: "a quem pertence o futuro, ao digital ou às rosas?". Mesmo reconhecendo o valor da tecnologia, para mim, que sou apaixonada por flores, a resposta é muito fácil. Meu amigo, vamos construir caminhos digitais, mas com rosas sem espinhos!

Janete Vaz
Presidente do Conselho de Administração e fundadora do
Grupo Sabin, empreendedora, coautora do livro
Empreendendo sonhos – a história do Laboratório Sabin se seu
premiado modelo de gestão.

APRESENTAÇÃO

Escrever sempre foi algo bastante fluido para mim. As palavras, em geral, aparecem na tela com facilidade, motivo pelo qual consegui manter, ao longo de dois anos, uma rotina de produzir artigos semanais. Os cinquenta textos iniciais foram publicados em meu primeiro livro adulto (sim, escrevi uma obra infantojuvenil, mas essa é outra história), lançado em 2021 com o título *O futuro é analógico*. Na obra, abordo temas relacionados aos avanços da tecnologia da informação, em especial seus impactos na sociedade em tempos pandêmicos, ressaltando a importância de que tais avanços sejam em prol do ser humano.

A publicação se encerrou com um conto, "Concurso mundial de poesia", no qual compartilho uma ideia nascida quando das leituras de Isaac Asimov, incrementada por uma análise sobre a pandemia da COVID-19 vista do futuro e poesias de minha própria autoria. Em sua extensa contribuição literária, Asimov escreveu sobre ficção, ramo em que é um dos maiores do mundo, e ciência. Foi o criador do conceito de cérebro positrônico, precursor da inteligência artificial, bem como das conhecidas três leis da robótica, cujo objetivo é conter possíveis ameaças dos seres artificiais para a humanidade.

Transformar os escritos semanais em uma obra única foi um processo bem divertido. As revisões me obrigaram a reler os textos e, eventualmente, fazer novas reflexões. As participações especiais, com coautores brilhantes, deram um charme adicional ao trabalho. No entanto, o mais legal foi associar citações de pessoas famosas em cada capítulo. Uma delas, inclusive, rendeu muito mais do que o esperado. Vint Cerf, um dos criadores da internet, ao ser citado e informado sobre o fato, acabou por escrever um artigo maravilhoso, uma pérola, que recomendo fortemente para quem ainda não teve a oportunidade de ler meu primeiro livro.

Em janeiro de 2022, parei minha sequência de produção semanal. Avaliei que já tinha percorrido assuntos demais e, como gosto de trazer sempre uma perspectiva nova, estava correndo o risco de ser repetitivo ou cair na mesmice. Decidi escrever apenas quando algum fato interessante ou impactante surgisse e, por alguns meses, sedimentei uma convicção de que o segundo livro não aconteceria, mesmo já tendo escrito mais de quarenta artigos inéditos.

Além de tudo, eu estava empacado com o fechamento desta eventual segunda obra. Gostei da ideia de inserir o conto ao final, mas confesso que nenhuma ideia nova me atraiu a ponto de criar outro conto nos moldes que me agradam. Então, estava definido: ficaria apenas em um livro.

O ano de 2022 foi desafiador; tive que enfrentar a crise empresarial mais grave da minha carreira – felizmente já superada – e, no plano pessoal, terminei um casamento de quase 25 anos. Os problemas, não raro, servem para nos aprimorar, nos tornar mais resilientes, mais experientes e mais fortes. Nesse contexto, foram germinadas as sementes que geraram a edição deste segundo livro.

No segundo semestre de 2022, assisti a uma série chamada *The Sandman*, oriunda de uma adaptação de quadrinhos. Nela conheci, pela aparição no episódio final, uma deusa da mitologia grega chamada Calíope, cuja natureza é inspirar autores humanos. Os escritores normalmente nutrem com a deusa uma relação exclusiva de inspiração, embora, na série, ela tenha sido aprisionada para servir a um só mestre. O poder da deusa é tamanho que até Camões já lhe suplicara ajuda em *Os Lusíadas*.

Para minha sorte, conheci minha Calíope pessoal, que me despertou a ideia de finalizar o segundo livro com poesias – inspiradas não só nela, mas também em outras musas – correspondentes à fase preliminar da final do concurso narrado no conto do primeiro livro. Escrevi, inclusive, uma poesia para uma das filhas dela, tão inspiradora quanto a mãe, porém prometi a mim mesmo não a publicar.

Reeditando a mitologia, minha relação com Calíope foi estritamente de inspiração. Entretanto, ainda assim, prefiro manter seu nome em sigilo, mesmo sabendo que serei incansavelmente provocado a revelar sua identidade, por meus filhos e por várias outras pessoas.

Esta nova edição se apresenta, portanto, em formato muito similar à primeira, com cinquenta artigos que instigam reflexões sobre a interação entre tecnologia e desenvolvimento humano, e é finalizada por um conjunto de poemas.

Apresentar mais uma vez o meu lado poeta é uma realização adicional. Para mim, traz uma imensa satisfação, e meu desejo é que você, leitor, aprecie tanto quanto eu essa ousadia da minha parte.

Os momentos vividos por nós, brasileiros, nos últimos anos trouxeram muitas reflexões. As poesias ao final desta publicação são também um reforço público do meu posicionamento sobre a importância da arte em nossa sociedade.

Boa leitura!

AVANÇOS FORÇADOS

"Todas as sociedades humanas passam por modismos nos quais adotam temporariamente práticas de pouco uso ou abandonam práticas de uso considerável."

Jared Diamond

Certa vez, conheci um alemão que aprendeu a falar português assistindo a novelas brasileiras. Uma verdadeira figura. Ele se chamava Gabor e veio para o Brasil representar sua empresa. Pelo fato de termos um amigo em comum, Roberto Inglês, nos encontramos novamente em Hannover, na Alemanha, em uma feira de tecnologia chamada CeBIT[1], considerada uma das maiores do mundo. Nesse ano, 2009 ou 2010, não me lembro com precisão, havia 23 pavilhões, cada um com mais de uma centena de expositores em média.

Tenho lembranças interessantes sobre o cidadão, que, entre outras aventuras, tinha sido produtor de vinhos. Ele, inclusive, me garantiu que nenhuma garrafa da bebida no mundo tem custo de produção superior a 100 dólares (naquele momento, o dólar valia menos da metade dos reais que vale hoje). Como sou um apreciador desse néctar dos deuses e gosto de fazer degustações às cegas, tenho a sensação de que ele devia estar certo, ou seja, preços muito elevados devem-se mais ao marketing, ou à lei de oferta e procura, do que a qualquer outro aspecto.

No decorrer do evento, a convivência com o universo do personagem trouxe à tona algumas diferenças culturais. A primeira, de hábitos pessoais. Um dia, fomos convidados, meu sócio e eu, para jantar. Explicamos que estávamos acompanhados de nossas respectivas esposas – naquele momento eu ainda estava casado –, para as quais o convite foi prontamente estendido. Aceitamos o gentil convite e perguntamos sobre o horário. Fomos surpreendidos por um "18h30!". Além de ser muito cedo, nossas esposas chegariam de Colônia[2], onde tinham ido visitar a famosa catedral, somente às 18h. Após esclarecer a situação, propusemos que o jantar ocorresse às 19h30, mas não tivemos sucesso. "É muito tarde", foi a resposta contundente e definitiva. Conseguimos um meio-termo e nos encontramos às 19h no restaurante.

---

[1] A CeBIT é a maior exposição comercial do mundo no domínio dos serviços de telecomunicações digitais e TI. A feira serve como plataforma para mostrar inovações e os produtos no campo referido, e também para aproximar os potenciais compradores e fornecedores de todo o mundo. Fonte: Wikipedia.

[2] Cidade alemã a cerca de 300km de Hannover.

No plano dos negócios, a empresa para a qual ele trabalhava, a Reiner[3], estava em uma verdadeira cruzada para se reposicionar no mercado; isso porque a centenária organização produz equipamentos de altíssima qualidade, com um longo período de vida útil. Dessa forma, os bancos alemães, seus principais clientes, já tinham comprado tudo o que podiam da empresa; mas como os maquinários não quebravam, a companhia estava perdendo volume de vendas.

Quando faço a transposição para dispositivos e aplicativos que utilizamos com regularidade, fico impressionado com a quantidade de versões, atualizações e lançamentos. Apenas para citar um exemplo, vejamos a história de um dos *smartphones* de sucesso mundial e seus diversos modelos[4]:

1. iPhone (2007-2008)
2. iPhone 3G (2008-2010)
3. iPhone 3GS (2009-2012)
4. iPhone 4 (2010-2013)
5. iPhone 4S (2011-2014)
6. iPhone 5 (2012-2013)
7. iPhone 5C (2013-2015)
8. iPhone 5S (2013-2016)
9. iPhone 6 (2014-2016)
10. iPhone 6 Plus (2014-2016)
11. iPhone 6S (2015-2018)
12. iPhone 6S Plus (2015-2018)
13. iPhone SE (2016-2018)

[3] www.reiner.de – empresa familiar alemã com mais de um século de história e fiel às suas raízes. Líder na Alemanha e na Europa na fabricação de equipamentos de marcação industrial, tecnologia de precisão para a produção de peças, carimbos, *scanners* e impressoras OCR.

[4] Fonte: Wikipédia. Após a publicação do artigo, a Apple lançou os modelos iPhone 13 (Mini, Pro, Pro Max), iPhone SE e iPhone 14 (Plus, Pro, Pro Max).

14. iPhone 7 (2016-2019)
15. iPhone 7 Plus (2016-2019)
16. iPhone 8 (2017-2020)
17. iPhone 8 Plus (2017-2020)
18. iPhone X (2017-2018)
19. iPhone XR (2018-2021)
20. iPhone XS – XS & XS Max (2018-2019)
21. iPhone 11 (2019-presente)
22. iPhone 11 Pro (2019-2021)
23. iPhone 11 Pro Max (2019-2021)
24. iPhone SE (2020-presente)
25. iPhone 12 (2020-presente)
26. iPhone 12 Mini (2020-presente)
27. iPhone 12 Pro (2020-2021)
28. iPhone 12 Pro Max (2020-2021)

Foram 28 opções em apenas catorze anos! Pelo menos duas escolhas possíveis por ano. Uma provocação interessante seria perguntar o que aconteceria se não fosse a Apple, e sim a Reiner, que tivesse inventado esse aparelho celular. Talvez tivéssemos apenas uma meia dúzia de modelos, eventualmente com as funcionalidades adequadas para o nosso melhor proveito. Ou, ainda, que componentes como a câmera pudessem ser substituídos com o avanço da tecnologia, porém sem a necessidade de trocar o dispositivo inteiro. Só para registro, tenho um iPhone 8, de 2017, e pretendo me manter com ele enquanto durar[5].

Não é um absurdo imaginar que, como no caso dos vinhos, um dos elementos principais em tantas trocas seja o efeito do marketing. Aguçar os clientes com novos designs e funcionalidades inéditas, muitas vezes inúteis, parece vender bem. Tanto é

[5] O autor trocou de celular em 2023, pelo iPhone 14.

assim que a fabricante dos aparelhos vale mais de 2 trilhões de dólares, segundo a BBC.

O ciclo de impulsionamento forçado de novas versões de hardware e de software evidentemente produz uma corrida pela inovação que tem aspectos positivos. Do outro lado da história, como já mencionado, há um forte trabalho de propaganda para fazer com que o cliente compre algo de que, de fato, não precisa. Ocorre que o único controle possível do mercado, nesse caso, é o próprio mercado, motivo pelo qual fico na torcida para que os consumidores tenham mais consciência em suas compras; e para que a Reiner, ou empresas com a mesma filosofia, decidam fabricar celulares.

NAS NUVENS

"Em todos os meus 21 anos de carreira, houve ocasiões em que fui pichado por jogar mal, mas, por parar em campo, jamais."

Pelé

Houve um tempo no qual eu acreditava que meu único futuro profissional seria seguir carreira técnica em informática. Sim, as ciências da computação ou a tecnologia da informação, como chamamos a área nas terminologias atuais, eram denominadas de informática – a propósito, um termo muito melhor, segundo minha interpretação.

Naquele momento, havia apenas duas vertentes: desenvolvimento e suporte. A primeira estava relacionada a qualquer atividade de criação de sistemas. A segunda era conectada às atribuições de fazer com que os computadores funcionassem adequadamente. Hoje existe uma infinidade de possibilidades, motivo pelo qual os apaixonados pela área precisam de maior conhecimento e aprofundamento antes de escolher sua melhor opção de carreira.

Minha opção foi bastante simples; como sempre me identifiquei com a construção de algoritmos, o caminho de criar aplicações foi natural. É relevante também dizer que havia uma característica que sempre me afastou do suporte. Naquele momento, várias pessoas começavam a ter seus equipamentos em casa e, em decorrência disso, surgiam demandas de conhecidos para ajudar com problemas técnicos dos seus aparatos. Esse é um fardo para os optantes pela área de suporte, que continua a ocorrer com frequência nos dias atuais. Imagino que você, leitor, ou conhece bastante de tecnologia ou já ligou para um amigo, inclusive em um final de semana, para pedir ajuda nesse sentido.

Fui muito radical em minha escolha, a ponto de não saber fazer qualquer coisa em relação a redes, a sistemas operacionais ou a qualquer matéria correlata. Em verdade, mal consigo configurar minha TV e fazer com que os aparelhos domésticos se conectem. Meus filhos duvidam de que um dia eu tenha tido alguma habilidade na área; olham para mim como um leigo absoluto, mesmo quando conto sobre minha participação no desenvolvimento de alguns aplicativos complexos.

A transição para a área de negócios começou no início da década de 1990, quando tive a oportunidade de participar de um projeto de marketing de rede, ou marketing multinível. A partir daí, percebi que outras opções eram possíveis. Livros e palestras sobre desenvolvimento pessoal, prosperidade, vendas, relacionamentos e empreendedorismo foram incorporados em minha rotina. Descobri que as carreiras executivas não dependiam de um dom de nascença, mas de dedicação, aprendizado, propósito, objetivo e persistência.

Em um dos eventos dos quais participei, o palestrante produziu uma dinâmica interessante. Ele fazia gestos com os braços e as mãos enquanto narrava seus movimentos e nós, da audiência, repetíamos as ações. "Mão na cabeça", "braço ao lado do corpo", "mãos para cima" e assim por diante. Após uma meia dúzia de instruções, o cidadão colocou a mão na testa, mas verbalizou algo diferente, como, "mãos nos joelhos". A plateia inteira colocou as mãos na testa. Ele finalizou: "Nossas ações falam tão alto, que os outros não escutam o que dizemos".

No dia 10 de março de 2021, o maior *data center* da França pegou fogo. O incêndio destruiu completamente um prédio de cinco andares, afetou outro parcialmente e duas plantas não foram danificadas. Segundo notícias da imprensa, mais de 3 milhões de sites saíram do ar, inclusive de bancos, comércios eletrônicos e webmails. A empresa dona do empreendimento fez a previsão de que parte dos serviços seriam reestabelecidos em cinco dias, e a outra parte, em doze dias. Um absurdo completo!

Quando nós, clientes, pagamos para ter serviços em nuvem, contamos que os provedores tenham um eficiente sistema de redundância, *backup e disaster recovery*. Se um dos ambientes sofre qualquer acidente, temos a expectativa de que outros assumam suas funções sem que isso provoque a descontinuidade dos nossos negócios. Ainda mais se considerarmos a aceleração de digitalização de serviços provocados pela pandemia. Entretanto, como já sabia o mencionado palestrante do século passado, é muito mais fácil falar do que fazer.

Enquanto país, precisamos rapidamente tomar consciência da competição global e dos discursos utilizados pelos nossos competidores. No episódio das queimadas da Amazônia e no próprio combate à COVID-19, vários atores internacionais criticaram o Brasil. Não tenho como objetivo neste texto fazer uma defesa do posicionamento do governo em relação a esses temas, que, por sinal, foi bastante infeliz. Alerto, apenas, para o fato de que boa parte das falas internacionais possuem como objetivo, tão somente, os próprios interesses.

Assim como a OVH, dona dos *data centers*, os governos mundo afora são extremamente efetivos para criticar, pressionar e colocar-se em condição de superioridade. Por outro lado, nós, brasileiros, somos péssimos em autoestima e aceitamos os pronunciamentos externos como um mantra produzido por civilizações "mais evoluídas". A verdade nua e crua é que, em geral, estão apenas fazendo uma política de competição, na defesa do próprio país.

Quem sabe seja a hora de o Brasil, enquanto nação, frequentar palestras sobre empreendedorismo, marketing e até autoestima como aquelas das quais participei nos idos de 1990?

MAIS E MAIS

"Hoje eu quero ver a bola da criança livre
Quero ver os sonhos todos nas janelas
Quero ver vocês andando por aí."

Oswaldo Montenegro

A foto era antiga, embora já colorida. Tempos em que meus filhos ainda não haviam nascido. Meu ex-sogro, curioso, tentava compreender quem eram as pessoas ao fundo, compondo aquela imagem nostálgica. De repente, minha esposa à época começa a gargalhar. Intrigados, os demais presentes perguntam o que havia ocorrido. A resposta veio com os movimentos dos dedos: a repetida aproximação e subsequente afastamento entre o indicador e o polegar. Meu ex-sogro estava tentando dar zoom em uma fotografia impressa!

A tecnologia vicia. Tanto é assim que algo inexistente em nosso cotidiano passa a ser vital em pouco anos, com ênfase no fato de que as inovações se propagam cada vez mais rapidamente. No caso da fotografia, a primeira fotogravura permanente registrou a imagem do papa Pio VII, provavelmente em algum momento de 1822. No caso, não se utilizou nem máquina nem lente. O autor da façanha foi Nicéphore Niépce, que desde 1816 efetuava testes de captação de luz em diferentes dispositivos, utilizando-se de cloreto de prata.

Em 1834, temos a participação histórica de Hércules Florence, um suíço-brasileiro que cunhou o termo *fotografia*. Já em 1839, surge o primeiro equipamento fabricado em padrão industrial, denominado daguerreótipo, cujo nome deriva do seu idealizador, Louis Daguerre. O processo evoluiu até o final do século passado, recheado de aventuras sociais, culturais, artísticas e econômicas, com destaque, nessa última fase, para a ascensão e ruína da Kodak. Foi nessa empresa que, por ironia do destino – ou seria melhor dizer, por miopia? –, o engenheiro Steve Sasson criou, em 1975, um dispositivo considerado a primeira câmera digital. Para quem não conhece a saga: a gigante do setor, apesar da invenção, não colocou a inovação no mercado, com receio de que pudesse atrapalhar suas vendas de equipamentos tradicionais. No final das contas, outras empresas o fizeram e levaram a Kodak à falência em 2012.

Apesar do invento de 1975, a foto digital ganhou força e se popularizou apenas no século XXI, em função dos celulares. Em pouco menos de vinte anos, as fotografias analógicas deixaram de ser predominantes para se transformarem apenas em um hobby de aficionados. Comparando as velocidades históricas das duas modalidades de retratos, percebe-se que as tecnologias recentes se desenvolvem mais rapidamente e dominam o mercado, superando as mais antigas.

No dia 19 de março de 2021, houve uma interrupção dos serviços do WhatsApp. Segundo o Facebook, a falha foi global e durou apenas quarenta e cinco minutos. Nesse pequeno lapso temporal, 230 mil menções ao aplicativo foram efetuadas no Twitter. Da minha parte, verifiquei com os membros da família próximos fisicamente no momento se o software de mensageria estava funcionando, além de ter recebido e-mails, que foram utilizados em substituição ao *app*.

Não foi para menos. Segundo o site Statista, em 2019, a média de mensagens trocadas por minuto pelos usuários do WhatsApp foi de 41,6 milhões, o equivalente a aproximadamente 60 trilhões por dia! Segundo a mesma fonte, em 2021 estimava-se que a quantidade de e-mails por dia seria de "apenas" 319 bilhões.

O primeiro correio eletrônico foi enviado em 1971, enquanto o precursor dos aplicativos de mensagem instantânea surgiu em 1996 (ICQ). Já o WhatsApp foi criado em 2009.

Provavelmente, você já deve ter percebido que há uma inconveniência (além do excesso de mensagens e dos chatos dos grupos dos quais você participa) nos aplicativos de mensageria: eles não se comunicam entre si.

Caso você tenha se decidido por um, somente pode falar com usuários da mesma plataforma. Não é possível, por exemplo, mandar mensagens do Telegram para o Messenger e vice-versa. Ao contrário, pouco importa se você prefere uma ou outra ferramenta de e-mail, suas cartas virtuais vão chegar para qualquer destinatário; basta saber o endereço eletrônico dele.

A introdução das tecnologias no nosso cotidiano é acelerada e irreversível. Os mestres designers descobriram formas de nos viciar em seus inventos. Mesmo aqueles nascidos antes do *boom* inovativo dos dias atuais. As vantagens desse fenômeno invasivo são inúmeras, tanto quanto os riscos a ele associados. Evidentemente, assim como meu ex-sogro, prefiro poder dar zoom nas imagens. Mas, em compensação, acho que a minha infância, repleta de brincadeiras de rua, foi muito mais divertida do que a das crianças de hoje.

VENDE-SE CASA POR R$ 3 MILHÕES!

"Se a reta é o caminho mais curto entre dois pontos, a curva é o que faz o concreto buscar o infinito."

Oscar Niemeyer

– Ei, menino, volte aqui para jogar aquele seu jogo.
– Mas, mãe, você disse para eu estudar.
– Isso foi antes. Como chama mesmo?
– O jogo?
– Sim, sim, meu filho.
– Fortnite.
– Esse mesmo, vai jogar, vai!

Esse imaginário diálogo, apesar de absolutamente inusitado, tornou-se mais provável após o ocorrido no dia 23 de março de 2021, quando a primeira casa virtual *Mars House* (Casa de Marte, na tradução literal) foi vendida por quase 3 milhões de reais. O negócio foi realizado por meio de uma plataforma utilizada para produzir vários jogos de computador, inclusive o Fortnite, mencionado pela mãe fictícia.

Ressalte-se que o comprador da preciosidade consegue explorar o projeto arquitetônico tão somente com o uso de realidade virtual, ou seja, não se pode tocar, caminhar e muito menos morar no bem adquirido. Trata-se, unicamente, de uma propriedade digital, imaterial, abstrata.

Os autores da façanha – a artista canadense Krista Kim, auxiliada por um arquiteto de softwares – utilizaram-se de uma marca digital, uma assinatura, que garante a legitimidade e a unicidade da obra. Curiosamente, tanto a moeda utilizada na transação – *Ethereum*, um tipo de dinheiro digital semelhante ao já famoso *Bitcoin* – quanto o mencionado "selo" virtual, denominado *non-fungible token* (NFT), baseiam-se na mesma tecnologia: *blockchain*.

Se o imóvel fosse real, a transação precisaria ser realizada em um cartório no município onde ele se encontra. É dessa maneira que as operações de compra e venda têm se realizado ao longo do tempo, com os primeiros registros históricos atribuídos ao Antigo Egito, em torno de 2.500 a.C. A complexidade aumenta bastante quando o bem é intangível, por várias razões, inclusive por jurisdição e segurança. Bom, mas se as tais "cadeias de blocos" são eficientes para garantir transações financeiras, então certamente são suficientes para as relações comerciais de outros ativos virtuais.

No entanto, o NFT não nasceu apenas para garantir a transferência da posse; essa é, na verdade, apenas uma consequência. Seu maior objetivo é assegurar a procedência, a autoria, a exclusividade daquilo que é marcado pelo *token*. Para compreender melhor sua função, vamos para o universo da arte tradicional.

Em 15 de dezembro de 2017, a obra *Salvator Mundi*, de Leonardo da Vinci, foi vendida por U$ 450,3 milhões em um leilão em Nova York; um preço recorde. Se você quiser, pode encontrar fotografias com alta resolução da pintura na internet e imprimi-las ou, ainda, comprar uma falsificação, bem como contratar um artista para plagiar o quadro. Infelizmente, nenhuma dessas opções vai proporcionar algo de preço elevado, embora a beleza estética possa ser reproduzida nos mínimos detalhes.

A raridade do objeto original é o que o torna valioso; por isso, é imprescindível diferenciar a produção legítima de suas cópias. Se houvesse uma assinatura inviolável, teríamos como separar facilmente a obra verdadeira das falsas, o que seria um grande alívio para os colecionadores. É exatamente esse o papel do NFT para o ambiente virtual. Caso tal funcionalidade pudesse ser reproduzida no mundo real com precisão, evitaria, por exemplo, a polêmica que envolveu a venda do quadro em referência, cuja autoria do gênio renascentista é contestada por especialistas.

O entendimento completo do conceito do NFT depende, também, da assimilação do significado de não-fungível, oposto a fungível, que é bem mais fácil de explicar. Uma nota de R$ 200 é fungível; você pode trocá-la por outra exatamente igual, e a nova possui o mesmo valor, importância, qualidade e utilidade da anterior. Um objeto qualquer da sua casa, a princípio, é fungível, a menos que ele tenha ganhado alguma característica peculiar, funcional ou emotiva, durante o uso.

Na minha sala, além dos móveis e algumas poucas decorações, tenho um painel que comprei em uma viagem à Polônia. Recentemente, para uma ocasião especial, ele foi transferido provisoriamente para outro lugar e tive a oportunidade de contemplar novamente sua beleza, que às vezes passa despercebida pela vista acostumada com o cenário. Somente o trocaria pelo *Salvator Mundi* por uma questão financeira, mas rigorosamente um e outro não são intercambiáveis entre si ou por qualquer outra obra. Cada uma guarda suas características únicas, motivo pelo qual são não-fungíveis.

Nunca joguei Fortnite, apesar de gostar de jogos e já ter visto meus filhos jogando. Em minha infância sequer era possível imaginar esse tipo de diversão. Já na vida adulta, tenho certa dificuldade para compreender os valores estratosféricos de algumas obras de arte. Sendo assim, você pode imaginar que não me é simples entender por que alguém pagou mais de R$ 15 milhões para obter o primeiro tuíte de Jack Dorsey, fundador do Twitter, evidentemente com autoria garantida por um *token* digital; muito menos os valores exorbitantes da casa mencionada neste artigo. Em compensação, consigo absorver com clareza a importância do NFT, que muito brevemente fará parte do nosso cotidiano. Afinal, cada um de nós quer garantir para si algo que tenha significado especial e único, seja tangível ou intangível.

INTELIGÊNCIA ARTIFICIAL (IA) OU HUMANA?

"O que está feito não pode ser desfeito."

William Shakespeare

Neste momento complexo, no qual a pandemia assola nosso país de forma implacável, encontramo-nos entre a esperança da aceleração da vacina e a tristeza do aumento de óbitos. Pela teoria da "imunidade de rebanho", e considerando as taxas de transmissão médias da covid, a propagação do vírus será contida quando tivermos vacinado 60% da população. Essa é uma estimativa baseada em vários fatores ainda desconhecidos, motivo pelo qual o patamar preciso somente será conhecido tempos depois.

De qualquer forma, considerando um ritmo de 1 milhão de imunizados por dia, uma população de 210 milhões e pouco mais de 18 milhões vacinados, estamos falando, de forma otimista, em no mínimo quatro meses de convívio intenso com a doença. Observe-se que, para fazer uma conta exata, é preciso considerar a segunda dose; ou seja, quando se fala na quantidade por dia, aqueles que tomam a vacina pela segunda vez não são novos imunizados e, portanto, não ampliam a quantidade de vacinados.

Além dos cuidados obrigatórios, que alguns ainda insistem em não cumprir, o melhor que podemos fazer é praticar atos de solidariedade para com o próximo. Cada ação individual, seja ela qual for, vale muito e é extremamente bem-vinda. Ações coletivas, em particular empresariais, possuem um peso ainda mais relevante, pela maior capacidade de alcance.

Felizmente, muitas empresas já compreenderam sua importância social e outras estão trilhando o mesmo caminho. No nosso caso particular, da Memora, decidimos dobrar, neste ano, o valor de doações que fizemos no ano passado e planejamos fazer o mesmo em 2022.

Um dos casos de que tenho maior orgulho é o do Laboratório Sabin. Suas fundadoras, Janete Vaz e Sandra Costa, são incansáveis quando o assunto é fazer o bem ao próximo. O crescimento da empresa já coloca a marca em todas as regiões do Brasil com faturamento global superior a R$ 1 bilhão.

Na relação de projetos sociais apoiados por minha empresa, dois deles têm a Janete como precursora em Brasília: Junior Achievement e Mulheres do Brasil, para os quais contribuímos financeiramente ou com serviços voluntários. Conheci a empresária quando eu era presidente do Sinfor-DF e, desde então, tenho o privilégio de compartilhar momentos de sua companhia.

Por essas razões, acompanho o quanto posso os movimentos do laboratório. Recentemente, um dos executivos do grupo, Edgar Moreira, meu contato no LinkedIn, mas que não conheço pessoalmente, fez um *post* intrigante, embora não relacionado às ações sociais ou à pandemia. Mencionou um *link*[6] no qual o visitante é convidado a tentar reconhecer a diferença entre humanos e IA (inteligência artificial).

Entrei no desafio, que apresentou 21 produções – fotos, textos, composições musicais e pinturas –, e fui desafiado a optar, caso a caso, entre criação humana ou IA. Acertei nove vezes e errei doze. Membros da minha família obtiveram desempenho melhor – acertaram entre doze e quinze questões –, mas todos eles alegaram que em algumas simplesmente "chutaram". O conjunto apresentado não pode ser equiparado ao Teste de Turing, mas, ainda assim, já criou situações em que o autor da obra não pode ser identificado com alto grau de certeza.

Para os leigos, o mencionado teste, criado por Alan Turing, tem como objetivo diferenciar um humano de uma máquina. A premissa é a de que, se você conversar com um interlocutor por cinco minutos, será capaz de distinguir se se trata de um computador ou de um indivíduo. Em 2014, um *chatbot*, denominado Eugene Goostman, conseguiu a façanha de ser o primeiro aprovado no Teste de Turing, mas sob condições que foram consideradas trapaça. Foi dito que se tratava de uma criança ucraniana de treze anos que não dominava completamente o idioma e, portanto, a maioria não considera que o êxito seja válido. Existem controvérsias em casos similares e já há quem diga que o teste é obsoleto. O mais significativo, entretanto, é que os avanços em IA são perceptíveis.

Em artigos anteriores, compartilhei uma previsão da Singularity University na qual se afirma que em 2038 não conseguiríamos distinguir a realidade virtual da nossa própria realidade. Opinei que a predição era acelerada demais e que acreditava que fosse ocorrer apenas anos depois, talvez em 2050. Entretanto, talvez 2038 não seja uma projeção tão ousada assim, se considerar-

[6] "Human vs AI Test: Can We Tell the Difference Anymore?", disponível em: https://lnkd.in/gpXw2-v.

mos que a própria IA vai ajudar a desenvolver novos avanços da tecnologia.

Como o espectro da produção criativa da humanidade é bem amplo, variando da imbecilidade ao sublime, a depender do observador, uma obra produzida por IA dificilmente será reconhecida entre outras, já no nível atual de desempenho. Em uma interação continuada, entretanto, a história é diferente. Manter o comportamento humano não é tão simples quanto produzir uma peça isolada.

Nos próximos anos, além do aperfeiçoamento das técnicas em si, haverá maior integração entre a capacidade natural e a artificial na busca de melhores soluções para os assuntos cotidianos, corporativos e governamentais. É possível que, em um futuro próximo, a IA seja chave tanto na definição quanto na execução de política públicas capazes de aprimorar as desigualdades sociais, bem como na integração, disseminação e colaboração de práticas do bem, tais quais as implementadas pela Memora e pelo Sabin.

Por fim, espero que as marcas da pandemia tenham sido profundas e capazes de sensibilizar cada ser humano, a ponto de trazer a compreensão de que as decisões mais adequadas não são aquelas capazes de maximizar as condições individuais, mas sim as coletivas.

COMPUTÊS

"A palavra não é apenas um conjunto de sinais gráficos.

Nela há sangue, suor e lágrimas."

Fernanda Montenegro

Ao dirigir, fazemos uma infinidade de movimentos – alguns coordenados, outros não –, como pressionar pedais, apertar botões, olhar em diversas direções, girar discos, empurrar e puxar alavancas. Na maioria das vezes, de forma fluida e imperceptível. Isso porque já incorporamos as mecânicas de dirigir, pela imensa quantidade de repetições realizadas ao longo do tempo. Há que se reconhecer, no entanto, que alguns carecem ainda de mais aulas ou dezenas de anos de experiência.

Nosso esforço, quando nos sentamos na posição de motorista de um carro, tem como objetivo principal transportar coisas e pessoas de um lugar ao outro, salvo para aqueles cuja mentalidade doentia leva a crer que as ruas são um lugar de competição, e conseguem colocar em risco a própria vida e a dos demais. Em suma, foi criada uma linguagem para os condutores fazerem com que o veículo obedeça a seus comandos. Uma interface homem-máquina.

Tal interface está evoluindo. Antes eram sempre três pedais e um câmbio manual. Atualmente, em muitos carros, apenas dois pedais e não há mais que se passar a marcha. Computadores de bordo já permitem colocar o veículo em piloto automático, controlando a velocidade, a direção e a distância adequada de outros veículos. Em breve, num futuro não tão distante, você poderá apenas ordenar por comandos de voz seu destino e caminho preferido e apreciar a paisagem.

O importante, na verdade, é perceber a necessidade de que os indivíduos se comuniquem com seus aparelhos, bem como a rápida evolução dessa interação. Os mais maduros vão se lembrar de que antes era preciso levantar-se para trocar o canal da televisão e girar um disco para efetuar uma ligação. Nos dispositivos mais modernos, tanto uma ação quanto outra pode ser realizada apenas pela fala.

Nos primórdios dos computadores, não havia telas, teclados, *mouses* ou qualquer outra facilidade com a qual estamos acostumados. A comunicação era física, realizada com a troca de cabos e chaves. Em seguida, provavelmente em 1950, surgiram os cartões perfurados utilizados para programar os comportamentos desejados nas máquinas, que sempre foram capazes de efetuar cálculos matemáticos de forma muito mais rápida do que os humanos.

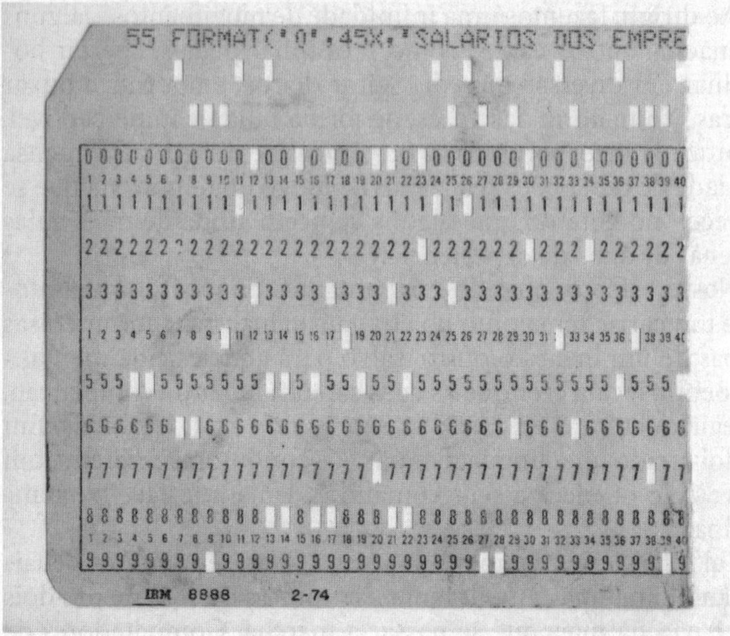

Figura 1 - Cartão perfurado da IBM

A minha primeira experiência com "computês" – termo que não existe formalmente na língua portuguesa, mas me permito utilizar como uma generalização da linguagem dos computadores – foi justamente com esses tais cartões, na disciplina introdutória do curso de matemática da Universidade de Brasília (UnB). No presente momento da minha vida, já tendo acumulado algumas vitórias, fica mais fácil confessar que fui reprovado.

Ao repetir a disciplina, para minha alegria, a interface já havia se modificado e incluía teclados e monitores. Houve uma evolução de Fortran para Pascal (linguagens de programação) e, principalmente, um dos meus melhores amigos era o monitor do curso. Consegui ser aprovado e iniciei o caminho para meu primeiro emprego na área, justamente com o dito cujo, que havia se tornado sócio em uma empresa.

As telas daquela época limitavam-se a apresentar números e letras; não havia janelas, imagens ou qualquer outra das maravilhas que temos atualmente. O ato de programar era resumido a lógica, cálculos, armazenamento e transformação de dados. Não se pensava em figuras, designs elaborados, cores, contrastes e muito menos em comandos pelo toque ou pela voz.

Se o confinamento derivado da pandemia ocorresse naquele momento do tempo, a produtividade alcançada por muitos em *home-office* seria impossível. Não se trata apenas da limitação da interação homem-computador, mas das relações humano-humano que se utilizam dos dispositivos tecnológicos atuais como meio.

Para quem conseguiu se adaptar bem ao modelo remoto, é normal participar de uma reunião, consultar algum termo, tema ou informações sobre o interlocutor e responder uma mensagem urgente pelos aplicativos de mensageria de forma simultânea. Quanto maior a capacidade de "multiprocessar" da pessoa, maior sua condição de render melhor no cenário virtual. Evidentemente, em alguns momentos, o "fio da meada" é perdido, mas ainda assim o saldo é positivo.

Sem que se perceba, no entanto, estamos caindo em uma armadilha que pode trazer sérios riscos físicos e psicológicos no longo prazo. Estamos trabalhando, estudando, produzindo e nos divertindo exatamente da mesma forma, nos utilizando das mesmas interfaces. Pior, na mesma posição: sentados, com fone de ouvido, olhando para a tela. O corpo e a mente humana não são forjados para isso.

Estamos em um momento propício para uma nova revolução das interações com a tecnologia. Dela vão surgir novas dimensões para o "computês". A imersão em realidade virtual será acelerada; os diálogos verbais homem-máquina, cada vez mais presentes, inclusive para os programadores. Leituras de expressão facial, tons e outras sutilezas por software já estão sendo desenvolvidas e irão se aperfeiçoar rapidamente. Estamos caminhando, inevitavelmente, para o mundo de ficção científica que assistimos nos filmes. Espero apenas que as viagens espaciais se tornem tão normais quanto andar de carro enquanto eu estiver vivo.

GENERALIZAÇÃO

"Toda generalização é perigosa, inclusive esta."

Alexandre Dumas

Embora os dispositivos sejam ligeiramente diferentes – alguns na verdade são bem estranhos –, é razoável imaginar que uma pessoa inserida em nossa civilização seja capaz de ligar um chuveiro, na temperatura adequada, em qualquer lugar do mundo. De forma análoga, se o indivíduo estiver na Inglaterra, ou em um dos países que foram por ela colonizados, e tiver o desafio de dirigir com o volante do lado oposto ao que está habituado, penso que provavelmente conseguirá chegar ao seu destino. Eventualmente, caso esteja na Índia, vai considerar o trânsito maluco demais, repleto de tuk-tuks e vias que, repentinamente, mudam de mão e, talvez, prefira não arriscar.

O mesmo raciocínio vale para abrir portas, saborear uma bebida quente, usar talheres, computadores (menos os da Apple), celulares e qualquer outro objeto cotidiano. Tal capacidade, denominada pelos psicólogos do desenvolvimento como *generalização,* sempre foi e continua sendo extremamente relevante para a sobrevivência humana. Nossos ancestrais sabiam quais animais ofereciam perigo mesmo sem tê-los catalogado, quais plantas eram venenosas, e o que ocorreria se pulassem de um penhasco, ainda que fosse um novo e desconhecido. Seria inviável viver se o aprendizado acumulado em experiências anteriores não pudesse ser reaproveitado em situações similares.

No entanto, a estratégia da generalização nem sempre é a melhor disponível e pode trazer riscos, mesmo quando se enuncia algo comprovado. Por exemplo, a afirmação "Os homens são, em média, mais altos do que as mulheres" é perfeitamente aceita e não causa nenhuma repercussão negativa. A altura em si não chega a ser um atributo que provoque polêmica. Mas, se ao invés disso, a asserção for "As mulheres, em média, estão mais acima do peso do que os homens", o autor pode estar em sérios riscos, mesmo apresentando o dado da Organização Mundial da Saúde: 13% da população mundial é obesa (11% entre os homens e 15% entre as mulheres).

Como a cognição humana, a Inteligência Artificial também se utiliza, entre outros instrumentos, do conceito da generalização para aprender. Os algoritmos precisam ser treinados para reconhecer e extrapolar hipóteses. Da mesma forma que no caso dos indivíduos, há diversos riscos no processo.

Imagine que uma pessoa tenha dez sobrinhos fãs da Marvel. No Natal, resolve presentear todos eles com *souvenirs* da marca, mesmo não tendo nenhuma afinidade com filmes de super-heróis. Já acostumada com as transações on-line, entra em uma loja virtual e compra os presentes. Os "vendedores" virtuais vão perseguir o sujeito com ofertas da Marvel, da DC e de outros gêneros correlatos por um longo período. Vão aparecer anúncios de filme dos principais canais pagos e dos cinemas, *posts* nas redes sociais com gibis, propagandas em *banners* de produtos equivalentes, anúncios de viagens para parques temáticos e diversos outros assédios em suas navegações pela internet.

Algo parecido ocorre nas redes sociais. Recentemente, adicionei à minha rede várias pessoas do setor financeiro, particularmente vinculadas aos grandes bancos públicos. Durante praticamente duas semanas, a maioria das sugestões de conexões que apareceram para mim foi justamente de colaboradores do Banco do Brasil e da Caixa Econômica. Tive que selecionar cuidadosamente pessoas de outra formação, setor e instituição de forma a reestabelecer uma normalidade em meus contatos.

Sempre que as informações disponíveis são pouco representativas do universo amostral, há um enorme perigo de o algoritmo fazer extrapolações viciadas. A inteligência humana também. Dentre nossos conhecidos, existem aqueles que se consideram intuitivos. Caso o objeto da intuição seja algo relacionado a experiências repetidas do indivíduo, possivelmente ele terá alto índice de acerto. Um médico especializado pode detectar uma pessoa portadora de uma doença em segundos, apenas por uma observação preliminar. Evidentemente, pelo peso da responsabilidade da profissão, terá que confirmar o diagnóstico por meio de exames cuidadosos. Um joalheiro, de maneira análoga, pode reconhecer uma falsificação rapidamente, mesmo que a peça esteja no pescoço de uma pessoa com quem ele acabou de cruzar repentinamente no shopping. No entanto, caso a pretensão seja investir na bolsa de valores, recomendo fortemente que você não aceite a intuição de nenhum desses dois profissionais.

Quanto maior o volume de informação, experiência e correlações, maior a chance de acerto, para o ser humano e para a máquina. Justamente por essa razão, a Inteligência Artificial é exponencialmente poderosa quando tem acesso a grande volume de dados. A ampliação da virtualização, da capacidade de armazenamento e de processamento está provocando acelerações vertiginosas nas técnicas analíticas, nas detecções de padrões, nas predições e na precisão das conclusões das máquinas, a ponto de ameaçar profissões altamente intelectuais.

Na advocacia, apenas como um exemplo, os softwares já ampliaram a capacidade de pesquisa de doutrina e de jurisprudência, aceleram a construção de peças processuais e melhoram a revisão das proposições. Mas não para por aí. O aumento do poder computacional permite que se calcule o percentual aproximado de aceitação ou rejeição de uma tese jurídica, considerando-se, inclusive, o magistrado que está julgando. Evidentemente, quanto mais comum a causa, mais dados históricos disponíveis e maior o nível de acerto.

Por outro lado, com informações limitadas, o ser humano é capaz de decisões muitos melhores do que as tomadas pelas máquinas. Somos mais flexíveis, versáteis e compreendemos melhor o contexto do que os algoritmos no estágio atual de desenvolvimento. Sem dúvida, este ponto deve ser de grande importância para a escolha de nichos de atuação da sua pessoa ou da sua empresa.

PARABÉNS, BRASÍLIA!

"Céu de Brasília, traço do arquiteto, gosto tanto dela assim."

Djavan e Caetano Veloso

Em 21 de abril de 2021, Brasília completou 61 anos. Os nascidos na cidade, como é o meu caso, ou aqueles que adotaram a capital como sua cidade, possivelmente consideram Juscelino Kubitschek o responsável pela criação dessa maravilha e, portanto, um grande herói. Sem ele, não haveria as belezas que tanto amamos e que fazem parte das nossas vidas.

Embora seja verdade, a história começou muito antes e acumula diversos personagens, episódios intrigantes e disputas políticas. O mais importante, pelo menos para o efeito deste artigo, é constatar que, antes da nossa querida capital se materializar, houve a compreensão da necessidade de interiorizar o desenvolvimento do Brasil. Primeiro um sonho, depois um conceito, e apenas depois uma obra.

Segundo alguns historiadores, Marquês de Pombal foi o primeiro[7] a reconhecer a relevância do planalto central e, em virtude disso, em 1751, iniciou esforços para a transferência da capital. Há também a hipótese na qual os inconfidentes mineiros, em 1789, lutaram para trazer a capital para seu estado, mais especificamente para São João Del Rey. Não se pode deixar de mencionar o suposto sonho de Dom Bosco, o qual, inclusive, alguns sustentam que definitivamente não guardava qualquer ligação com Brasília, mas que foi utilizado como argumento para convencer o nosso povo religioso.

Aparentemente, entre 1809 e 1822 foram registrados manifestos em defesa da mudança para o interior. Em 1823, José Bonifácio foi um defensor da ideia, a qual, infelizmente, não foi incorporada na Constituição de 1824. Já na Constituição de 1891, finalmente, o desejo ganhou forma:

> Art. 3º - Fica pertencendo à União, no planalto central da República, uma zona de 14.400 quilômetros quadrados, que será oportunamente demarcada para nela estabelecer-se a futura Capital federal.
> Parágrafo único - Efetuada a mudança da Capital, o atual Distrito Federal passará a constituir um Estado.

---

[7] Saiba mais na matéria "Uma cidade sonhada por dois séculos", disponível em: www.agenciabrasilia.df.gov.br/2019/04/18/uma-cidade-sonhada-por-dois-seculos.

Desse momento até a decisão de JK, ainda ocorreram muitas idas e vindas, com defesas de interesses os mais diversos. Afinal, mudar o centro das decisões de localidade não é algo que agrade a todos, mesmo que sejam devidamente comprovadas as vantagens para a nação.

É inegável que a cidade em forma de avião foi fundada com um objetivo primário bem definido: ser a sede dos poderes que governam nosso país. Daqui emanam as leis, as políticas públicas e as decisões mais relevantes que determinam os rumos da nossa federação. Não se pode deixar de reconhecer, entretanto, que a capital, como qualquer metrópole, ganhou vida própria e desenvolveu outras vocações.

A propósito, o poder público não pode sustentar uma cidade com mais de 3 milhões de habitantes (ou mais de 4,5 milhões, se considerarmos o entorno, que possui forte dependência de Brasília), que fora projetada para abrigar apenas 500 mil moradores. Precisamos estabelecer novas competências que redirecionem o eixo econômico da cidade.

Por diversas limitações, e também pelo desejo dos brasilienses, não se pode trazer para cá qualquer tipo de atividade industrial poluidora. Sonhamos com uma indústria limpa, baseada em conhecimento, capaz de gerar riquezas, emprego e renda, preservando o desejo de um padrão internacional de qualidade de vida. Falando dessa forma, parece óbvio e ululante investir em um setor como o da tecnologia da informação.

As condições para tanto estão presentes. O governo federal tem o poder de fazer investimentos substantivos, formular políticas de incentivo e atrair pessoas altamente qualificadas (o que infelizmente atrai também alguns poucos mal-intencionados, incompetentes e corruptos). Temos um padrão de ensino de boa qualidade, com várias instituições de nível superior bem avaliadas, um dos maiores números de mestres e doutores *per capita*, empreendedores capazes e empresas com grande potencial.

Infelizmente, dentre aqueles que elegemos para liderar a cidade, bem como os que os cercam, raros chegaram a compreender o setor de TI, suas necessidades, sua importância e seu gigante potencial. Obviamente, existem honrosas exceções, que prefiro omitir, para não transformar este texto em um debate sobre política. Essa inaptidão, por exemplo, ao invés de nos conduzir para um projeto grandioso e internacional de parque tecnológico – como idealizado por lideranças locais, das quais destaco o saudoso e genial Antônio Fábio Ribeiro –, nos levou para o BioTIC, um projeto que afastou o setor produtivo em sua fase de concepção e tem pouca expressão se comparado com o potencial local.

Recentemente, participei do lançamento virtual do livro *Ponte para a inovação: como criar um ecossistema empreendedor*, organizado pelo meu amigo Daniel Leipnitz, ex-presidente da Associação Catarinense de Tecnologia (ACATE), com o qual tive o prazer de lutar ombro a ombro em vários debates nacionais em favor do setor, e por Rodrigo Lóssio. Na primorosa obra – estou ansioso para receber meu exemplar já comprado – 32 autores contam como Santa Catarina conseguiu desenvolver um dos mais promissores ecossistemas de inovação do Brasil. Juntamente com outros casos brasileiros, dentre eles o do Porto Digital de Recife, o exemplo da ilha precisa ser seguido por mais localidades. É preciso ter a humildade de aprender com aqueles que já fizeram e estão tendo sucesso.

Assim como a transferência da capital para o planalto central, a vocação de transformar nossa cidade em um expoente da tecnologia da informação começou com um sonho. É preciso, neste momento, que cada um que possui capacidade de influência – em especial nossos governantes – compreenda o conceito, para que assim possamos criar uma obra do tamanho que Brasília merece. Espero, apenas, que não demore dois séculos.

DESCUBRA SEU FUTURO

"Shh! Ouça! Alguém está vindo! Acho… acho que podemos ser nós!"

Trecho do livro Harry Potter, de J. K. Rowling, em que Hermione alerta o personagem principal sobre o risco iminente de encontrarem com eles próprios após o uso de um objeto que manipula o tempo.

Estou assistindo a um seriado, originalmente reproduzido entre 2002 e 2009, sobre um detetive chamado Monk, cujo título coincide com o nome do personagem principal. Em tom de comédia, vários crimes são resolvidos pelo protagonista, depois da solução ter, invariavelmente, escapado aos investigadores da polícia de São Francisco.

A capacidade extraordinária do personagem se equipara aos imortais Sherlock Homes e Hercule Poirot; no entanto, é acompanhada de transtorno obsessivo-possessivo (TOP), além de um conjunto enorme de fobias e maneirismos. Por essa razão, Monk é completamente dependente de uma assistente, que varia ao longo da série, a qual cumpre também o papel de enfermeira e babá.

Os quase vinte anos que nos separam do início do programa são marcantes em termos de tecnologia. Os celulares usados pelos atores são arcaicos comparados aos *smartphones* atuais; o mesmo vale para os computadores. Não há, naquela época, uma presença marcante das redes sociais, dos aplicativos de mensagens instantâneas, tampouco serviços digitais em volume significativo. Incrivelmente, ainda assim, as pessoas retratadas parecem ter uma vida normal.

Em um dos episódios, justo naquele no qual a primeira assistente deixa abruptamente de aparecer e Monk busca uma substituta, o detetive chega à cena de um crime ocorrido na casa daquela que viria a ser sua próxima auxiliar. Os policiais já haviam vasculhado o local e não conseguiram identificar sequer uma evidência que fosse capaz de desvendar a invasão de domicílio. O nosso detetive, no entanto, observa uma redinha de pegar peixes, ainda com a etiqueta, ao lado de um aquário com a luz acessa. Conclui, daí, após constatar que o objeto não pertencia à criança da casa e que o aquário ficava com a luz apagada, que o objetivo dos invasores estava relacionado ao viveiro.

Exatamente o poder de perceber o que os demais não conseguem, fazer conexões e deduções lógicas com os pedaços de informação disponíveis, é o que distingue tais heróis fictícios dos demais. Em alguma medida, eles são também capazes de efetuar algumas previsões sobre o comportamento futuro dos bandidos, utilizando essa habilidade para antecipar movimentos e concluir os casos.

Comparando-se o arsenal de poderes apresentados pelos detetives fictícios, sem dúvida o mais impressionante é claramente este: o de prever o futuro. Quem, em 2002, tivesse tal poder, poderia ter comprado ações da Amazon por menos de 2 dólares e hoje vender por mais de 3 mil dólares.

Minha primeira experiência mais séria com predições foi quando a empresa na qual eu trabalhava começou a representar um software chamado Maximo, cuja fabricante foi posteriormente comprada pela IBM, e que tinha por finalidade controlar a gestão de instalações prediais. Por meio de dados coletados em equipamentos com uso de sensores, como, apenas para citar uma de várias possibilidades, a variação de vibração de uma esteira, o aplicativo, através de comparações com o histórico de máquinas similares e extrapolações estatísticas, conseguia projetar uma eventual falha futura e agendar uma manutenção preditiva capaz de economizar bastante tempo e dinheiro.

Há situações de fácil previsão, como aquelas associadas a sazonalidades. Não é preciso ser genial para predizer que nos dias que antecedem o Natal o comércio vai vender mais do que em dias normais, ou que no verão as vendas de sorvetes e de cervejas vão superar as marcas do inverno. Em alta temporada, passagens aéreas e hotéis serão mais caros do que em períodos regulares, e assim por diante.

Por outro lado, ainda é difícil prever alguns fenômenos como abalos sísmicos, o clima em um dia distante e específico ou o comportamento individual das pessoas. Também não é simples imaginar com antecedência quais empresas, marcas e produtos vão se destacar da concorrência. Depois do sucesso estabelecido, é muito fácil determinar quais foram as supostas virtudes que levaram o empreendimento a tal patamar, mas fazer isso antes é muito mais complicado.

Por esses motivos, muitos investimentos estão sendo realizados em algoritmos baseados em Inteligência Artificial para predições. Conseguir vislumbrar o futuro pode reduzir riscos, direcionar iniciativas corretamente e aumentar o lucro. Como exemplo, no setor de empréstimos, foi anunciada no dia 29 de abril de 2021 uma parceria entre a Neurotech e FICO. A primeira, especialista em Inteligência Artificial, Machine Learning e Big Data, enquanto a segunda, em análise preditiva e gerenciamento de decisões. O objetivo é prover para bancos menores e *fintechs* uma análise para concessão de crédito tão sofisticada quanto a utilizada pelos gigantes do setor.

Tal movimento não será isolado, muito menos restrito ao universo financeiro. Iniciativas similares vão invadir o mundo de seguros, do marketing, do varejo e, no final, de toda e qualquer atividade em que o comportamento futuro seja significativo. Em suma, cada organização, seja ela proveniente dos setores mais tradicionais da economia ou vinculada àqueles baseados em conhecimento, vai buscar, de alguma forma, prever as ações vindouras.

Importante é reconhecer que o alvo é você! Estão todos interessados em saber o que você vai comprar, se você vai almoçar fora, se vai trocar ou manter o emprego, se e quando pretende viajar, e assim sucessivamente. Lembre-se de que qualquer instrumento de predição sério depende de dados, muitos dados; quanto mais, melhor. Sendo assim, se você quiser que descubram seu futuro, a solução é simples: recheie as suas redes sociais com o maior número de informações possíveis. Os algoritmos agradecem!

O PODER DE PODER ERRAR

"O maior dom é a capacidade
de esquecer – esquecer as
coisas ruins e focar nas boas."

Joe Biden

Com a colaboração da família, de vários amigos, de expoentes do setor de tecnologia, incluindo um dos criadores da internet, e de uma equipe de profissionais altamente qualificada, consegui realizar o sonho de publicar, em 2021, o livro *O futuro é analógico*, no qual faço um debate sobre os impactos da tecnologia na sociedade, em especial, ressaltando que o desenvolvimento tecnológico deve ser orientado para servir à humanidade.

Por sugestão da editora, fizemos uma pré-venda, cujo atrativo foi oferecer a obra autografada para os compradores dessa fase. Para minha alegria, tivemos algo em torno de 250 livros vendidos, graças ao prestígio dos queridos amigos. Além desses exemplares, precisaria autografar para os familiares, apoiadores do projeto, meus sócios, enfim, quase trezentos livros.

Fiquei paralisado. Não apenas pelo desafio de escrever à mão, mas pelo medo de errar e perder um exemplar. Escrever em um editor de texto é fácil, os deslizes podem ser corrigidos sem qualquer consequência; mas a tinta da caneta é implacável. Quando os livros chegaram, falei com o Tagore, cujo nome de família foi herdado pela editora, sobre os meus receios. A experiência de quem se dedica ao mundo literário com tanto sucesso durante muitos anos já tinha resolvido o problema, antes que eu tivesse sequer pensado nele.

Os livros possuem duas folhas de rosto, praticamente idênticas, de forma que eu poderia errar na primeira delas, uma vez que bastaria retirá-la e assinar na seguinte. O leitor, como aconteceu comigo a vida inteira, não presta tanta atenção a esse detalhe. Ou seja, tanto faz se o autógrafo esteja em uma ou em outra página.

A revelação foi um verdadeiro alívio e retirou-me da inércia. De fato, escrever à mão foi difícil, pela ausência de costume. Vez por outra, tive que fazer um puxãozinho aqui ou ali, trocar alguma palavra quando uma letra entrava fora de ordem, mas, no geral, consegui sobreviver com apenas duas folhas perdidas e alguns pequenos borrões que, tenho certeza, serão compreendidos por aqueles que gentilmente prestigiaram a obra.

Essa é uma lição que deve ser aprendida e aplicada com ênfase no mundo corporativo. Os colaboradores precisam saber que podem errar. A propósito, o erro faz parte da natureza humana. Somos e sempre seremos imperfeitos. Evidentemente, nem todo equívoco pode ser admitido; há que se estabelecer e comunicar abundantemente quais são os limites. Não se pode ultrapassar os valores e princípios empresariais e, muito menos, os pessoais. Admitir o erro não significa ser conivente com questões de berço, como honestidade, respeito ao próximo, integridade, compromisso com a verdade e similares.

Nas organizações mecanicistas, derivadas da revolução industrial, onde existe apenas uma forma de "apertar o parafuso", estabelecer o procedimento correto era relativamente simples. Do mesmo modo, caracterizar e enumerar as possibilidades de errar era algo trivial. No mundo atual, onde o conhecimento prevalece na maioria das organizações, há inúmeras maneiras de se acertar, motivo pelo qual também existe uma quantidade ainda maior de jeitos de se cometer um equívoco – afinal, muitas ações podem parecer certas sem realmente ser.

No universo da tecnologia da informação é bastante comum dividir os ambientes, dedicando um para o desenvolvimento, outro para testes e um terceiro para a produção. Assim, os profissionais que constroem os algoritmos têm um lugar no qual podem cometer enganos sem prejuízo para as aplicações que estão sendo utilizadas pelos usuários finais. Evidentemente, com o aumento da complexidade, seja tecnológica, seja organizacional, as coisas nem sempre ocorrem como deveriam.

Em 2019, presenciei um episódio que poderia ter sido evitado e cujas repercussões nos atormentam na empresa até hoje. Um determinado cliente, onde nosso pessoal era alocado, possuía e ainda possui um parque tecnológico heterogêneo, não totalmente atualizado, muito grande, e cujos serviços prestados para a população são de alto impacto. A pressão externa e a inaptidão de alguns gestores criaram um ambiente que massacrava os prestadores de serviços, em especial aqueles que eram terceirizados. Daí, o contexto orientou-se para sempre em "encontrar culpados" a qualquer custo, drenando uma energia que deveria estar orientada para a colaboração e a constante evolução dos serviços.

Nesse cenário, um dos nossos colaboradores – profissional experiente, sem nenhuma falha ao longo de mais de cinco anos de prestação de serviço ao cliente em tela, e com conhecimento profundo do ambiente tecnológico – cometeu um erro técnico. Isso ocorreu a despeito de suas qualificações, de estar capacitado e orientado sobre as boas práticas.

Se esse colaborador estivesse dentro de nossa organização, ou em qualquer ambiente com cultura de aprendizado constante, tenho absoluta certeza de que teria levantado a mão imediatamente para reconhecer o ocorrido e pedir ajuda para os colegas de trabalho; afinal, nós compreendemos que as pessoas falham, e isso não é um pecado mortal. Como estava em um ambiente hostil, tentou corrigir o erro sozinho, sem pedir ajuda, com a esperança de ocultar a falta. Não funcionou.

Não houve má intenção, má fé, negligência ou ausência de supervisão. Simplesmente, uma pessoa qualificada, depois de anos e anos de acertos, se enganou. Deveria poder assumir isso de peito aberto e pedir ajuda; mas, quando as organizações não são tolerantes, como era o caso, as pessoas agem sob a influência do medo.

Esse comportamento pode se repetir em qualquer outro tipo de relacionamento, não apenas no profissional. Vale o mesmo para relações interpessoais de qualquer natureza, inclusive as familiares. Sendo assim, o melhor é aprender com o Tagore e colocar duas folhas de rosto sempre que possível em suas convivências.

A TERRA FICARÁ RADIOATIVA!

"Se vamos ser condenados,
vamos ser condenados pelo
que realmente somos."

Jean-Luc Picard

Sou um otimista nato. Essa é uma condição presente em qualquer empreendedor. Seja um comerciante de rua, o dono de um pequeno negócio ou um grande empresário, todos somos otimistas. Não pode ser diferente, porque empreender requer acreditar em um futuro favorável.

Quando um indivíduo consegue um emprego, tem a certeza de trabalhar o mês inteiro e, ao final, estar completamente seguro de que vai receber seu merecido salário. Mas, quando se abre um negócio, cria-se a expectativa de que alguém vai entrar ali e consumir o produto ou serviço da prateleira, ou seja, só existe remuneração se o ideário daquele que investiu for concretizado. Nem sempre isso ocorre. Segundo o Instituto Brasileiro de Geografia e Estatística, IBGE, mais de 70% dos negócios fundados no país não sobrevivem por mais de dez anos.

Esse longo preâmbulo é apenas para, contrariando meu natural, fazer uma previsão pessimista: a Terra ficará radioativa!

Tudo começa com uma notícia alvissareira: em meados de 2021, o astrofísico dr. Erik Lentz publicou um artigo na renomada revista *Classical and Quantum Gravity*, no qual afirma que é possível atingir velocidades superiores à da luz utilizando os conceitos, materiais e teorias da física convencional conhecida. As abordagens anteriores sempre necessitavam de um componente hipotético, como a "energia exótica", o que levava o assunto mais para o campo do imaginário do que da prática.

Para aqueles que gostam de ficção científica, trata-se do mesmo dispositivo utilizado na série *Star Trek*: os motores de dobra. Em uma comparação grosseira, mas que tem o mérito de ser compreensível, imagine que um objeto queira viajar de um lado ao outro de uma folha de papel. Normalmente, ele deveria percorrer a extensão inteira da superfície e, na melhor das hipóteses, poderia efetuar o percurso na velocidade da luz. Imagine que, ao invés disso, tal objeto pudesse dobrar o papel, de forma que o ponto de partida tocasse o ponto de chegada. Assim, a viagem seria muito mais veloz.

Considerando as tecnologias dos foguetes atuais – ainda muito inferiores à velocidade da luz –, uma viagem de ida para a Próxima Centauri, distante 4.243 anos-luz do nosso sol, levaria algo em torno de 50 mil anos. Com a aplicação da teoria de dobras, a mesma viagem poderia se realizar em dois ou três anos.

O que o mencionado estudioso e uma startup chamada Física Aplicada asseguram é justamente a possibilidade de fazer com o espaço-tempo algo parecido ao que se fez com o papel, em nossa reconstituição caseira do fenômeno. O problema, em se tratando das aventuras galácticas reais, é a enorme quantidade de energia que se deve gerar em um artefato tão pequeno quanto uma nave espacial.

Com os materiais e procedimentos conhecidos atualmente, o único caminho possível, embora ainda muito distante, é o de fissão nuclear. Tal fenômeno ocorre quando átomos com núcleos muito grandes, como por exemplo o urânio, desestabilizam-se, desintegram-se e criam átomos com núcleos menores – nesse caso, bário e criptônio. A transformação libera uma quantidade gigante de energia. A associação com a bomba nuclear é imediata e, infelizmente, correta.

O ímpeto da humanidade para expandir suas fronteiras irá provocar, cedo ou tarde, mais uma corrida espacial. Sob esse pretexto, as potências mundiais intensificarão o enriquecimento do urânio, além de provavelmente encontrar outros elementos químicos com propriedades similares. Em síntese, a corrida pela energia virá antes da espacial, de maneira voraz, dado que energia pode ser utilizada para diversas finalidades.

No caminho, as disputas pela supremacia podem levar a guerras nucleares ou a imprudências que acarretem acidentes graves. Tanto uma hipótese quanto a outra colocam o hábitat do nosso pequeno planeta em risco.

Em *Star Trek*, tão logo uma raça desenvolva os motores de dobra, ocorre o primeiro contato com aquelas que já dominam a tecnologia. No caso dos terráqueos, nossos interlocutores, na obra de ficção, foram os "vulcanos", cujo personagem mais icônico talvez seja o senhor Spock, aquele de orelha pontuda, também conhecido pelo alto padrão de racionalidade e supressão das emoções. O episódio fictício levou nosso planeta a um governo central e ao uso pacífico da fissão nuclear.

Acredito que em nosso universo, povoado por mais de 10 sextilhões de estrelas, organizadas em mais de 100 bilhões de galáxias, exista vida além daquela que conhecemos. No entanto, se houvesse vida inteligente, a ponto de dominar conhecimentos tão avançados, creio que já teríamos sido encontrados. Daí, é possível imaginar que inventar e conceber um motor de dobra seja muito mais provável do que encontrar seres alienígenas parecidos com os "vulcanos". Ocorre que, sem orientação externa, imparcial e construtiva, infelizmente as disputas pelo poder historicamente levam a humanidade para caminhos destrutivos. Sendo assim, contrariando meu costumeiro otimismo, termino como comecei: a Terra ficará radioativa!

O MELHOR SERIA INVESTIR EM MATEMÁTICA

"A criança deve primeiro brincar com a matemática para apenas depois trabalhar com ela."

Jeovani Salomão, 1988, em frase registrada nas paredes do Centro Acadêmico de Química da Universidade de Brasília.

Compreender a vida é muito mais simples quando se domina a matemática. Várias situações cotidianas dependem de habilidades básicas, como contar, aplicar a aritmética básica, entender percentuais e a ordem de grandeza dos números. Conceitos mais avançados, como por exemplo calcular probabilidades e saber o que são e para que servem as funções, têm muita utilidade e poderiam ajudar em discussões nacionais, como no caso da proposta de inserção de um dispositivo para imprimir os votos da urna eletrônica.

Antes de adentrar no debate em si, vamos repassar alguns conceitos, de forma simples, para construir premissas mais consistentes em relação ao tema. Um primeiro ponto relevante é que a matemática é constante, regular, estável. Desde que você aprendeu a tabuada até agora, multiplicar dois números sempre apresenta o mesmo resultado. Por exemplo: 3 x 5 = 15 estava correto ontem, está hoje, estará amanhã ou daqui a 1 milhão de anos. Seja na Terra, na Lua, em Marte ou fora do Sistema Solar, o resultado é sempre igual.

Sendo assim, imagine uma discussão em que um comprador rejeita receber um lote de produtos no dia seguinte por duvidar das contas.

> – Você tem que me entregar os produtos hoje, porque eu contei. São 50 colunas de galão por 5 filas, ou seja, 250 galões.
> – Mas por qual razão? Hoje não consigo, mas entrego amanhã.
> – Amanhã é complicado, porque não vou ter tempo de contar de novo.
> – Mas basta multiplicar 50 x 5!
> – Não, não, ninguém me garante que amanhã 50 x 5 vão ser 250!

Um absurdo, não é?

Vamos a outra situação: os números são infinitos, todos já ouvimos isso desde sempre. Com um pouco de raciocínio lógico, mesmo sem ter familiaridade com a matemática, é possível provar essa tese. Imagine um número enorme, aquele que seria o maior de todos. Imaginou? Agora some 1 e você terá um número ainda maior. Observe que não importa quão grande seja sua imaginação, você sempre pode somar 1 ao número escolhido. Ou seja, não há um algarismo que seja o maior de todos; a sequência não tem fim, e por isso é infinita.

Uma vez que já concluímos que tal premissa é verdadeira, vamos passar a outro diálogo:

> – Oi, amigo, tudo bem? Você leu o artigo do Jeovani sobre a matemática?
> – Li, sim. Ele demonstrou que os números são infinitos! Eu já tinha ouvido falar disso, mas não sabia como demonstrar. Agora eu sei!
> – Pois é, eu li também, mas eu sou que nem São Tomé: tenho que ver para crer!
> – E o que significa isso?
> – Só vou acreditar que são infinitos depois que alguém conseguir imprimir tudo no papel e me mostrar!

Mais um absurdo, não é? Se não termina, como se pode representar em um papel? Contradição absoluta.

Vamos avançar um pouco mais, para introduzir o conceito do que é uma função matemática. Uma função corresponde a uma associação entre dois conjuntos, por meio de uma regra que garanta que um elemento do primeiro conjunto pode se associar a apenas um único elemento de outro conjunto.

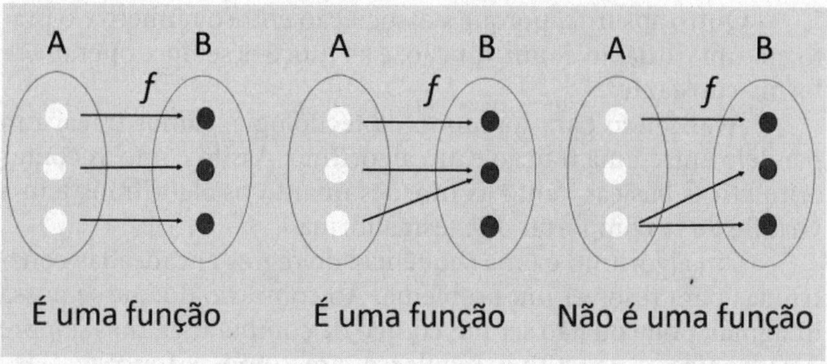

Figura 2 - Notação para função: f: A → B (lê-se: f de A em B)

Nos dois primeiros exemplos, cada elemento do conjunto A se associa a um único elemento do conjunto B, enquanto no terceiro caso, um elemento do conjunto A se associa a dois elementos do conjunto B, motivo pelo qual não é considerado função; pois uma mesma origem não pode gerar duas respostas diferentes. Em outras palavras, a regra estabelecida tem que garantir a mesma resposta quando um elemento for introduzido na função. Quando se liga para um número de celular, a ligação precisa achar sempre a mesma pessoa. A regra que conecta o número à pessoa deve ser estável e constante. E é assim com a função: ela se comporta sempre da mesma forma.

– Mãe, eu quero o número 68.
– Mas, filho, não vai nem olhar o cardápio?
– Não precisa, já sei que quero o 68.
– Garçom! Por favor, o cardápio mudou? – a mãe pergunta.
– Não, senhora – continua o atendente. – A senhora quer que eu peça o 68 para o seu filho?
– Não! Quero ver o cardápio. Ele é alérgico e pode ser que o 68 esteja associado a um prato diferente hoje, mesmo o cardápio não tendo mudado.

Outro absurdo, porque a associação entre o número e o prato em um cardápio é uma função, e as funções sempre operam de forma constante.

Avançando para o mundo da tecnologia, vamos traçar um paralelo entre uma função e um algoritmo. Assim como as contas aritméticas básicas, tanto as funções quanto os algoritmos têm a virtude de se comportar da mesma forma.

Um algoritmo é uma sequência de regras encadeadas construídas para resolver um problema. Ao contrário do que se possa imaginar, pode ou não ser um código de computador, mas sempre é padronizado, repetitivo, regular, assim como as funções. Caso uma receita de bolo seja seguida na íntegra, ela é um algoritmo. Quando se coloca um algoritmo bem escrito em um computador, ele exerce suas características em sua plenitude. Não há ambiguidade ou comportamentos anômalos.

Em meu primeiro estágio na área de tecnologia, criei um programa, um conjunto de algoritmos, para calcular as prestações de empréstimos imobiliários. Desde aquela época, havia dois modelos predominantes: a tabela SAC e a PRICE. Assim que o cliente assinava o contrato, definindo sua opção, meu programa calculava todas as parcelas e como seriam efetuadas as amortizações, a incidência de juros etc. Se eu me utilizar do mesmo programa hoje, trinta anos depois, ele vai proceder exatamente igual. Porque os algoritmos se comportam sempre da mesma forma.

Depois de toda essa explicação, vamos voltar à votação eletrônica. Está em discussão[8] no Congresso Nacional uma alteração na Constituição para se acrescentar ao equipamento atual uma impressora, com o mote de permitir ao eleitor a conferência do seu voto. Um dos argumentos é justamente garantir que a eleição seja passível de auditoria. Conforme já expliquei em meu livro *O futuro é analógico*, esse penduricalho somente fragilizaria um processo que é robusto, seguro e nunca foi fraudado.

Já tendo anteriormente discorrido de forma mais geral sobre o assunto, este artigo se restringirá à questão da auditoria.

---

[8] A PEC do Voto Impresso (Proposta de Emenda à Constituição 135/19) foi rejeitada na Câmara dos Deputados no dia 10/08/2021. Fonte: Agência Câmara de Notícias, disponível em: https://www.camara.leg.br/noticias/792343-camara-rejeita-proposta-que-tornava-obrigatorio-o-voto-impresso/.

Quando o eleitor vota na urna, ele está acionando um algoritmo que está instalado no dispositivo. A cada interação, o algoritmo deposita a escolha efetuada em um banco de dados, o qual será posteriormente remetido para uma totalização, após vários procedimentos de segurança. Como todo e qualquer algoritmo, esse também se comporta de forma padronizada, dando sempre as mesmas respostas.

Antes do dito cujo funcionar na eleição, ele é submetido a testes rigorosos por profissionais dos tribunais eleitorais, por terceiros, por especialistas, por universidades e pelos partidos políticos. A integralidade dos atores, ano após ano, atesta que o algoritmo funciona adequadamente, dentro de condições exatamente iguais àquelas encontradas no dia "D".

Possivelmente, caso você tenha chegado até aqui, já compreendeu que a matemática, as funções e os algoritmos são estáveis. Funcionam sempre da mesma forma, considerados os mesmos parâmetros. Em síntese, a auditoria efetuada em cada eleição é rigorosa, extensa, exaustiva e garante que os softwares utilizados funcionam exatamente como o esperado. Tanto é assim que até hoje nenhuma fraude foi comprovada.

Evidentemente, os mais atentos podem estar fazendo uma pergunta pertinente: quem garante que o algoritmo que foi testado previamente é o mesmo que está na urna no dia da eleição?

Um primeiro aspecto relevante é que a urna funciona de forma completamente isolada, sem nenhuma conexão com a internet, outras urnas ou sistemas de qualquer natureza. Uma alteração de código teria que ocorrer no próprio dispositivo. Mesmo se fosse possível, duvido que alguém conseguisse alterar 500 mil urnas simultaneamente.

Mas, e se na inserção oficial do programa, que deve ter um procedimento padronizado e mais amplo, houver a mudança do código?

Sem contar com os inúmeros fatores de segurança dessa fase específica, no dia anterior à eleição diversas urnas por estado são sorteadas para fiscalização, com o acompanhamento dos partidos políticos. O que significa que, se houver uma adulteração geral, contra todas as probabilidades, ela será descoberta imediatamente por meio dos testes dos equipamentos recolhidos. Além disso, as urnas continuam disponíveis por sessenta dias, intactas, para auditoria por parte dos partidos.

Temos o melhor processo eleitoral do mundo. Seguro, confiável, rápido e auditado a cada pleito eleitoral. Introduzir um novo apetrecho tão somente porque algumas pessoas não compreendem a lógica do sistema é um grande absurdo. Amplia os pontos onde se pode fraudar, traz elementos mecânicos, muito mais suscetíveis a falhas para o procedimento, aumenta os custos eleitorais e cria situações para tumultuar (basta organizar um grupo de militantes para dizer que seu voto impresso não é o mesmo apresentado na tela). O melhor seria investir em matemática para que os leigos compreendam que os algoritmos são bem-comportados e confiáveis.

UNIVERSO RESTRITO, MAS MUITO INTERESSANTE!

"Não há saber mais ou saber menos: há saberes diferentes."

Paulo Freire

Uma pesquisa social, para ter validade científica, precisa cumprir um conjunto rigoroso de critérios. Há cuidados relativos à amostra, grupos de controle, metodologia de aplicação dos questionários e vários outros fatores.

Com a pandemia, veio a prática de aulas on-line, e eu, na condição de pai de cinco filhos, fiquei curioso para saber qual o impacto educacional do processo. O ideal seria realizar uma pesquisa formal; no entanto, conforme já mencionei, tal intento exigiria um esforço compatível com as teses de mestrado e doutorado que, com certeza, vão surgir em breve sobre o tema.

Diante do quadro, limitei-me a fazer algumas perguntas a minhas filhas, uma vez que o Henrique, meu único filho homem, não teve a experiência de vivenciar esse tipo de ensino. Um universo restrito, em termos de rigor científico, mas muito interessante. As perguntas foram respondidas por Bianca, 23 anos, estudante de medicina; Luíza, 18, que concluiu o ensino médio em 2020; Gabriela, 15, que está cursando o primeiro ano do ensino médio, e Camila, 12, no sétimo ano do ensino fundamental. Nenhuma delas viu a resposta das outras, e elas não conversaram entre si antes de responder, de forma que as eventuais influências nas opiniões, caso tenham ocorrido, foram anteriores ao questionário.

1. Como está sendo sua experiência de aula on-line?

Bianca: *Não consegui me adaptar 100% na faculdade, mas acho que por conta da metodologia, que é diferente da que estudei a vida inteira.*

Luíza: *Felizmente, ou infelizmente, não estou tendo aulas neste momento, mas devo compartilhar então da minha experiência com as aulas que tive no ano passado e foi horrível. Não consegui acompanhar muito bem nenhum dos conteúdos e, além disso, estar em casa era uma grande distração! Sempre coisas melhores para fazer do que ver a aula...*

Gabriela: *Ruim.*

Camila: *Difícil.*

2. Quais são os pontos positivos da aula on-line? E os negativos?

Bianca:

Pontos positivos: Você não perde tempo com deslocamento, dá para reassistir as aulas aceleradas, porque ficam gravadas, maior flexibilidade.

Pontos negativos: Fico mais acomodada porque sempre posso ver depois, é MUITO cansativo passar o dia todo no computador, bem mais desgastante, e rendo menos porque canso mais rápido (por causa das telas); tenho tido dor de cabeça, acredito que pelo mesmo motivo (telas); perde-se muito na interação aluno professor quando os grupos não são muito pequenos; perde-se na troca com os outros alunos; é mais fácil perder o foco e a atenção, e a qualidade da conexão com a internet influencia muito.

Luíza:

Pontos positivos: Para o envio dos trabalhos e organização deles, esse modelo on-line é melhor.

Pontos negativos: Muitas distrações, falta do contato com os amigos presencialmente, dificuldade de uma comunicação melhor com o professor.

Gabriela:

Ponto positivo: Poder acordar mais tarde.

Ponto negativo: Ser mais difícil prestar atenção.

Camila:

Ponto positivo: É só acordar e entrar na aula.

Ponto negativo: É mais difícil de se concentrar.

3. Do que você sente mais falta das aulas presenciais?

Bianca: *Contato com as pessoas.*

Luíza: *Meus amigos.*

Gabriela: *Poder ver meus amigos.*

Camila: *Dos meus amigos.*

4. Você está aprendendo mais ou menos que nas aulas presenciais?

Bianca: *Bem menos.*

Luíza: *Menos.*

Gabriela: *Menos.*

Camila: *Acho que igual.*

5. Conte uma história legal sobre aula on-line. E uma em que você ficou triste ou com raiva.

Bianca: *Acho que as histórias mais legais são as gafes. (kkkk) Quando o povo deixa a câmera ou o microfone ligados sem querer e faz ou fala alguma coisa que não era para a turma ver.*

Luíza: *Não me lembro de uma história específica legal, mas lembro que adorava quando caía a internet do professor e tínhamos a aula liberada. Eu ia direto para a cama voltar a dormir. (kkkk) Ah, lembrei! Teve um dia em que todos os alunos combinaram de abrir as câmeras nas aulas, as reações foram lindas, os professores ficaram tão felizes!! Agora uma história triste seria um dos desabafos de um professor, dizendo que estava sendo muito difícil para ele a falta de contato com seus alunos e muitas vezes a falta de participação nas aulas on-line.*

Gabriela: *Uma legal: meu professor de química deu a aula dentro de um jogo on-line. Uma chata: teve um dia em que os alunos do presencial estavam mexendo no celular e em todas as aulas a gente teve que ouvir os professores darem sermão.*

Camila: *Uma legal, não sei, mas é chato quando está tendo aula híbrida e os professores ficam brigando com os alunos que estão no presencial porque eles não ficam quietos.*

6. Se você pudesse escolher o modelo de aula, como seria?

Bianca: *Híbrido, algumas coisas específicas não precisam da interação que o presencial proporciona e é até melhor que seja gravado (e não ao vivo), para que você possa rever e adaptar na sua rotina nos horários que quiser. Dá mais flexibilidade para trabalhar e estudar, por exemplo. E algumas coisas precisam ser presenciais.*

Luíza: *Acho que o modelo que eu gostaria ainda precisa ser criado! Ainda preciso pensar nele, pois vejo muitas falhas no sistema de educação do nosso país, mas, se devo escolher entre as aulas presenciais e on-line, escolho a presencial.*

Gabriela: *Presencial.*

Camila: *On-line.*

Em alguns aspectos, as respostas coincidiram com minha expectativa, como, por exemplo, a mencionada ausência dos amigos. Somos seres sociáveis e sentimos falta da companhia, do olhar, do toque, do aconchego, do abraço, da cumplicidade que somente se obtém quando estamos ao lado de outra pessoa. Imaginava, também, menções à dificuldade de concentração e às distrações normais provenientes do conforto caseiro. No entanto, imaginava uma adaptação mais natural ao ambiente virtual – afinal, todas elas já nasceram em uma fase digital. As mais novas ainda mais digitais que as mais velhas.

Três das quatro acreditam que estão aprendendo menos agora do que antes. Mesmo que isso não seja uma verdade absoluta – inclusive porque a avaliação sobre o aprendizado realmente adquirido somente poderá ser feita de forma mais segura daqui a alguns anos –, o fato de a crença estar presente é algo preocupante. A despeito das dificuldades metodológicas, práticas e de adaptação, as aulas virtuais oferecem oportunidades incríveis, como o fato de o estudante poder fazer pesquisas na internet, de forma simultânea à aula, sobre tópicos específicos ou mesmo curiosidades a respeito do conteúdo ministrado. Ter acesso posterior ao material gravado é outro benefício: o aluno pode estudar e recapitular quantas vezes for necessário para sanar suas dúvidas. Em síntese, tenho a convicção de que as pesquisas futuras sobre o tema vão convergir para equiparar, sem grande margem de diferença, as dificuldades e as virtudes do ambiente on-line, motivo pelo qual precisamos trabalhar como as nossas crianças para derrubar a tese do menor aprendizado nesse modelo.

Não posso afirmar o que ocorreu em termos gerais na sociedade, mas em nossa casa houve um enorme benefício, cuja menção esperava de todas as filhas, a despeito de nenhuma ter citado: a maior proximidade da família. Para não ficar apenas como especulação, imaginação ou vontade da minha parte, concluo por aqui meus escritos para perguntar a elas se tenho ou não razão.

P. S.: Após conversar com as filhas, compreendi que, apesar de elas considerarem que esse período de maior presença em casa foi extremamente positivo para a convivência familiar, estranhamente nenhuma delas fez conexão com as aulas on-line!

DO BINÁRIO AO IRRACIONAL

"Se foi por mera ignorância, perdoo-te, mas, se foi para abusar da minha alma prosopopeia, juro pelos tacões metabólicos dos meus calçados que dar-te-ei tamanha bordoada no alto da tua sinagoga que transformarei tua massa encefálica em cinzas cadavéricas."

Rui Barbosa

Os conhecimentos sobre a matemática começaram a ser explorados pelo homem desde a savana. Antes de contar, propriamente falando, quantificar já era uma prática comum, seja para caçar, coletar ou avaliar a proporção de potenciais atacantes de uma tribo inimiga em relação aos aliados. Quando a civilização começou a se fixar, em função da pecuária e da agricultura, a aritmética básica teve seu início com a contagem dos rebanhos por meio de pedras.

Nesse momento do tempo, entre 12.000 e 10.000 a.C., as correlações ainda eram muito básicas: para cada pedra, um animal. Não se sabe precisamente como e quanto a ciência se desenvolveu em cada região – até porque isso ocorreu de forma muito lenta –, tampouco como as culturas diversas se influenciaram.

Até chegarmos aonde estamos, houve uma verdadeira jornada de construção de conhecimento. Alguns aspectos que para nós são triviais hoje, como por exemplo o uso de um sistema com dez algarismos ou a figura do 0, levaram séculos para se estabelecer. Os números, tais quais conhecemos, são denominados algarismos indo-arábicos. A referência aos indianos, feita exatamente pela criação e inserção do 0, ocorreu, surpreendentemente, mais de mil anos depois dos números de 1 a 9. Talvez a explicação se deva à abstração necessária para se chegar a esse conceito.

A notação decimal é tão comum nos dias de hoje que qualquer pessoa sabe que 239 representa um único número e que os algarismos, em função de sua posição, possuem ordem de grandeza diferente. Nesse caso, o 2 vale muito mais do que o 9, apesar de o algarismo 9, isoladamente, ser mais de quatro vezes maior do que o algarismo 2.

Certamente, o fato de termos um sistema decimal deve-se à quantidade de dedos da nossa mão. Se fossem doze, por hipótese, estaríamos acostumados a contar de outra forma:

0 1 2 3 4 5 6 7 8 9 A B
10 11 12 13 14 15 16 17 18 19 1A 1B
20 21 22 23 24 25 26 27 28 29 2A 2B...

As implicações seriam significativas. Se a mudança fosse efetuada hoje, abruptamente, teríamos que reaprender a aritmética básica. Por exemplo, 9 + 5, ao invés de 14, seriam 12! Nesse sistema duodecimal, ou de base-12, que a propósito foi inventado pelos mesopotâmicos e não por mim, você seria capaz de dizer quanto é 19 x 19?

Parece uma verdadeira loucura conviver com dois sistemas de numeração paralelamente, mas isso já acontece hoje de forma muito natural, embora pouco perceptível. Tudo começou nos primórdios da computação, quando era necessário se relacionar com as máquinas originais. A matemática, para quem nunca pensou no assunto, é também uma linguagem. Foi justamente por meio dela que a interface com os primeiros dispositivos computacionais se estabeleceu. No lugar de um sistema com dez algarismos, fez-se a opção por um sistema com apenas dois, chamado binário, pela facilidade de se representar desligado e ligado, respectivamente, 0 e 1.

0 1
10 11
100 101
110 111...

Cada vez que se retrata um algarismo no computador, utilizando-se o sistema binário, 0 ou 1, temos um *bit*. Oito algarismos (*bits*) formam um *byte*, de maneira que agora já é possível desvendar o significado daqueles números que indicam a capacidade de armazenamento do seu celular ou do computador.

Embora essa representação simples – ligado ou desligado – seja de grande valia no campo da tecnologia da informação e tenha possibilitado tantos avanços, ela é extremamente pobre para a interpretação das complexidades da vida. O maniqueísmo, qualquer visão do mundo que o divide em poderes opostos e incompatíveis, serve apenas para situações específicas e reducionistas. Na infância, é importante as crianças aprenderem que o bem é bom e que o mal é mau. Na vida adulta, esse mesmo indivíduo, no entanto, precisa compreender que a realidade não é apenas delineada em preto e branco: existem muitos matizes de cinza, sem contar com todo o espectro de outras cores.

Pensamentos maniqueístas ou binários são incapazes de resolver a maior parte das situações do dia a dia e, muito menos, dilemas mais complexos. Apenas para contextualizar com uma situação extrema, partiremos de um conceito comum: matar é errado! Fere os princípios mais básicos da humanidade; o mais profundo do nosso ser impõe preservar a vida. Em uma situação fictícia, imagine-se na direção de um trem, em alta velocidade, que se aproxima de uma bifurcação. Você tem o controle sobre o caminho a ser tomado. De forma surpreendente e inesperada, ao se aproximar da escolha de ir para a direita ou para a esquerda, descobre que uma manifestação invadiu os trilhos. Não há tempo de frear. Se você for para a direita, estima-se que vai atingir cinquenta pessoas; para a esquerda, a concentração de pessoas é menor e talvez você atinja apenas vinte. Para qual lado você vai?

A complexidade da situação é enorme por um ângulo, uma vez que qualquer decisão levará você a fazer algo totalmente contrário ao que é certo: matar pessoas. Por outro ponto de vista, parece simples decidir ser melhor matar vinte do que cinquenta, por mais dolorido que isso seja.

Então, com o coração saindo pela boca, você está prestes a ir pela esquerda, quando, na última fração de segundo antes da decisão, descobre que seu filho está desse lado. E agora: vinte e seu filho ou cinquenta? Caso você queira me julgar, vou me submeter e aceitar seu pensamento, mas eu tomaria o caminho da direita.

Por sorte, as situações cotidianas não são tão agudas, mas resta evidente que a simplicidade do certo ou errado não é suficiente para obter o discernimento necessário que leva a uma vida plena. Ainda assim, tenho tido a tristeza de acompanhar pessoas inteligentes tomadas pela polarização política que assola nosso país. Alguns, com capacidade de avaliar o contexto racionalmente, têm tomado o caminho maniqueísta. Se é feito por fulano, independentemente do que seja, é bom; se é feito contra fulano, não importa a qualidade do ato, é ruim. O binário, tão útil para as evoluções tecnológicas, infelizmente está conduzindo indivíduos instruídos à ignorância.

DOM DE ILUDIR

"Você diz a verdade, e a verdade é seu dom de iludir."

Caetano Veloso

Arsène Lupin é um personagem fictício criado pelo escritor francês Maurice Leblanc no início do século XX. A revista francesa *Je Sais Tout* ("eu sei tudo", em tradução livre) queria uma celebridade que significasse para o país o mesmo que Sherlock Homes representa para a Inglaterra. Ainda não li a obra, embora esteja ansioso para a chegada dos livros já comprados, mas tomei conhecimento do herói por meio do seriado *Lupin*, veiculado pela Netflix, até o momento em sua segunda temporada.

A história conta a jornada de Assane Diop, o personagem central, que tenta provar a inocência do pai, acusado de roubo e morto na prisão. Uma das heranças do herói foi o pai ter incutido nele a admiração pelos livros de Lupin, motivo pelo qual a série ganhou o nome do brilhante ladrão. O rival, o patriarca da família Pellegrini, representa o estereótipo mais comum, fixado na cabeça popular, do homem rico e poderoso. Mentiroso, corruptor, dominante, egoísta, contraventor e mais qualquer adjetivo compatível ao rótulo. Para obter seu intento, o protagonista encara uma saga de aventuras que se inicia por um roubo no Museu do Louvre.

O ponto mais brilhante das façanhas é a ilusão criada para permitir o sucesso dos assaltos e das demais peripécias. Diop produz uma realidade paralela, ilusória, e, como os grandes mágicos, leva suas vítimas a olharem justamente para onde ele quer, enquanto a ação real ocorre em outro plano. Um extraordinário mestre do dom de iludir.

Distinguir o que é verdadeiro quando se defronta com tamanha *expertise* não é simples. Digo por experiência própria: depois de sair pela segunda vez do mesmo show de David Copperfield em Las Vegas, eu continuava sem ter a menor ideia do que tinha se passado na realidade. O cidadão, de fato, parecia fazer magia.

Infelizmente, contorcer a realidade e manipular informações no mundo virtual é muito mais fácil do que no mundo físico. Mesmo aqueles sem grande talento estão conseguindo criar factoides com alguma facilidade. Ainda existem outros que não inventam a notícia falsa, mas a repassam sem pensamento crítico, gerando uma onda de desinformação.

Se a preocupação já é significativa atualmente, prepare-se para o que o futuro reserva, caso não seja efetuada uma ação imediata. A OCDE afirmou, com base nos resultados de 2018 do PISA – sigla em inglês para Programa Internacional de Avaliação de

Alunos –, que 66% dos brasileiros com 15 anos, ou seja, da geração de nativos digitais, não são capazes de diferenciar um fato de uma opinião. Em outras palavras, a desenvoltura com a tecnologia apresentada por esses jovens é apenas mecânica. Navegam pelos aplicativos, conectam-se, divertem-se, mas não compreendem.

A mesma pesquisa afirma que desde 2000 a alfabetização digital dos jovens está estagnada em todo o mundo. Ocorre que o acesso e a produção de conhecimento – e também de lixo informacional – estão aumentando exponencialmente. Segundo Gil Press, da *Forbes*, entre 2010 e 2020 houve um incremento de 5.000% dos dados criados, capturados, copiados e consumidos no planeta. Discernir em qual fonte acreditar após uma pesquisa nos sites de busca será cada vez mais difícil, ainda mais para aqueles que já não conseguem fazer isso agora.

Um artigo publicado pela *BBC News Brasil*, que faz uma boa análise da pesquisa e cuja leitura eu recomendo[9], afirma sobre os jovens:

> ... os dados sugerem que eles são, em grande parte, incapazes de compreender nuances ou ambiguidades em textos online, localizar materiais confiáveis em buscas de internet ou em conteúdo de e-mails e redes sociais, avaliar a credibilidade de fontes de informação ou mesmo distinguir fatos de opiniões.

Fato importantíssimo na pesquisa da OCDE é que há uma correlação direta entre a leitura – sim, aqueles livros em papel ou até os digitais – e o desempenho dos avaliados. Quanto mais o adolescente lê, melhor se sai nos testes. Ressalte-se, também, que leem mais justamente aqueles cujos pais são leitores e incentivam a prática.

Nesse cenário, precisamos ser proativos em pelo menos dois aspectos. Primeiramente, devemos combater de forma implacável a disseminação de notícias falsas. Não é tão difícil quanto parece; basta adotar uma postura de verificar sempre, buscar fontes alternativas e ter senso crítico. O que estou dizendo, de forma suave,

---

[9] "'Nativos digitais' não sabem buscar conhecimento na internet, diz OCDE", disponível em: https://www.bbc.com/portuguese/geral-57286155.

com "ter senso crítico" é: mesmo que a informação lhe seja favorável ou sustente um ponto de vista pessoal, não a repasse indiscriminadamente antes de validá-la.

Em segundo lugar, mas não menos importante, voltemos ao começo do artigo e sejamos exemplo de leitura. Se você gostou de uma série e ela é baseada em uma obra literária, compre-a. Tenha muitos livros em casa; deixe que seus filhos, netos e amigos adolescentes vejam você lendo o tempo todo. Dessa forma, talvez os medíocres não consigam mais forjar realidades por interesse próprio e possamos ter uma sociedade mais consciente.

CARLOS ALBERTO

"Meu nome é Gal
E desejo me corresponder
Com um rapaz que seja o tal
Meu nome é Gal
E não faz mal
Que ele não seja branco, não tenha cultura
De qualquer altura
Eu amo igual
Meu nome é Gal
E tanto faz que ele tenha defeito
Ou traga no peito
Crença ou tradição
Meu nome é Gal
Eu amo igual
Ah, meu nome é Gal"[10]

Roberto Carlos e
Erasmo Carlos

[10] Canção "Meu nome é Gal". Composição de Roberto Carlos e Erasmo Carlos (1969).

Por volta de 10 horas da manhã, recebo uma chamada de número desconhecido:

– Alô... Alô...

Barulhos de *call center* ao fundo e ligação terminada.

Por volta de 11h30 da manhã, chamada de número desconhecido (diferente do primeiro).

– Alô!

– Bom dia, eu gostaria de falar com o senhor Carlos Alberto.

– Este número não é do Carlos Alberto.

Ligação encerrada abruptamente.

Por volta de 15h30, chamada de outro número desconhecido.

– Alô!

– Boa tarde, este número é o do senhor Carlos Alberto?

– Não, senhora, vocês me ligam todo dia e eu já expliquei que este não é o número dele. Vocês poderiam retirar meu número da lista de vocês, por favor?

– Vou retirar senhor, desculpe.

Por volta de 17 horas, chamada de mais um número desconhecido.

– Alô!

– Boa tarde, por favor, o senhor Carlos Alberto se encontra?

– Senhora, já expliquei hoje, ontem e várias vezes que este não é o número dele. Por que continuam me ligando? Por que não retiram meu número da lista?

– Senhor, vou retirar da minha lista, mas o nome do senhor deve estar errado na operadora e eu não posso fazer nada sobre isso.

Essa tem sido minha rotina diária. Várias ligações, pelo menos de oito a dez, para falar com o tal do Carlos Alberto. Existem muitas outras variações: pessoas mais educadas, algumas mais irritadas, sotaques diferentes, algumas mais solícitas. Da minha parte, também há diversas reações: algumas vezes não atendo, outras simplesmente peço para a atendente esperar para que eu chame o Carlos Alberto, outras vezes me irrito. Já tentei bloquear os números; contudo, continuam ligando de números diferentes. Um dos efeitos colaterais prejudiciais: perco algumas ligações de pessoas conhecidas cujos telefones não estão registrados.

Há de se imaginar que os mesmos dados, muito provavelmente derivados de um vazamento ilegal, foram vendidos para diversas empresas que se utilizam de abordagens por telefone e, por infelicidade da minha parte, meu número se encontra na base pirata associado ao Carlos Alberto. Pode ser que ele tenha errado o cadastro do número, talvez trocado o DDD ou simplesmente tenha colocado um telefone falso para não ser abordado.

O ocorrido é um pequeno exemplo dos problemas que vamos enfrentar com dados cada vez mais disponíveis, mais expostos e mais suscetíveis à fraude. A Lei Geral de Proteção de Dados – LGPD, por enquanto, representa para mim o pior dos mundos. Sinto-me ameaçado, quase aterrorizado, enquanto empresário, mas completamente desprotegido enquanto cidadão.

O assunto tem sido pauta de inúmeros escritórios especializados de advocacia e um batalhão de empresas de tecnologia. Pouco se discute sobre as consequências reais da lei, das suas lacunas, como fazer para evoluir e como os cidadãos, as empresas e a sociedade como um todo vão se beneficiar dela. A temática que se repete na maioria dos debates é a mesma: entra algum dito especialista que cria um verdadeiro pânico na plateia, para depois vender seus próprios serviços.

O tema é de grande relevância; no entanto, até agora, salvo os debates feitos pelas entidades representativas, e uma ou outra honrosa exceção, a tônica tem sido meramente comercial. "Achamos uma nova mina de ouro e vamos explorar", é o lema da maioria. A essência de tudo – que o dado pessoal pertence ao indivíduo e não pode ser utilizado, sem autorização, para fim diverso daquele para o qual foi informado – é vital para garantir um mínimo de privacidade e, muito mais do que uma lei, deveria ser um princípio incorporado pelas instituições.

Evidentemente, cada pessoa deve contribuir da melhor maneira, em especial, negando-se a fazer qualquer negócio com as empresas que se utilizam dos seus dados indiscriminadamente. Trata-se de um novo e essencial modelo cultural que precisamos incorporar. Enquanto isso não acontece, estou aqui pensando na melhor maneira de tratar meu pequeno dilema pessoal. Eventualmente, posso cogitar mudar de número ou, quem sabe, adotar de vez o nome Carlos Alberto.

EFEITO OPOSTO

"Se eu não faço algo certo, eu não paro até fazer."

Serena Williams

Quando o assunto é compras públicas, licitações ou qualquer tipo de contratação feita pelo governo, a maioria das pessoas já inicia a conversa com muitos preconceitos. Devido a diversos episódios amplamente divulgados, faz-se uma associação direta com a corrupção, a ineficiência e o mau uso do dinheiro público. Mesmo em uma fase tão complexa quanto a que vivemos durante a pandemia, na qual boas compras salvavam vidas, tivemos eventos lamentáveis com tentativas de enriquecimento ilícito, desvio de finalidade e uso político da prática. Era de se esperar que, em itens essenciais, como a aquisição de medicamentos e aparelhos para a saúde, livros e merenda para a educação ou bens e serviços para as forças de segurança, houvesse mais dignidade por parte dos agentes públicos e privados. Infelizmente, a ambição, por razões pessoais ou políticas, em alguns momentos supera os interesses coletivos.

Ao contrário do que se possa imaginar pelo impacto das notícias, no entanto, a maioria dos servidores públicos são pessoas de boa índole. Da mesma forma, a maioria das empresas que fornecem para o governo é dirigida por empresários de boa-fé. Claro que a impressão da população não é essa; afinal, somente entra em destaque aquilo que gera audiência. Penso ser pouco provável que uma notícia que diga que "o órgão tal comprou cem cadeiras e correu tudo bem" cause algum interesse midiático.

O assunto deveria ser muito mais amplamente debatido, uma vez que, ao comprar, os gestores públicos deveriam pensar muito além de suprir as necessidades daquele órgão administrativo que está contratando. A compra pública precisaria ter como objetivo primordial o desenvolvimento da economia do país.

Recentemente, dois dispositivos legais – a nova lei de licitações e o novo marco legal das *startups* – começaram a vigorar. Ambos trouxeram inovações em relação ao que tínhamos como normativo, mas ainda foram muito tímidos e – lamento fazer tal estimativa – nem as próprias melhorias serão utilizadas na sua integralidade. Parte do problema é justamente o efeito do poder da opinião pública. Explico: nenhum cidadão de bem quer que o dinheiro coletivo seja mal utilizado. Então, ao ver uma grande quantidade de escândalos na televisão, clama-se por controle e justiça. E assim está ocorrendo. Os órgãos de controle possuem um papel vital na fiscalização, correção e moralização do uso dos recursos públicos. Infelizmente, tanto quanto a falta, o excesso de controle é extremamente pernicioso.

Aqueles compradores que são pessoas de bem – na opinião já expressa neste artigo, a grande maioria – estão pressionados a seguir ritos formais, mesmo quando não se compatibilizam com a melhor compra. Apenas no intuito de aclarar melhor a afirmação, vou trazer um caso recente do qual minha empresa participou. Um tribunal estava efetuando uma compra de licença de software internacional. Toda e qualquer pessoa envolvida em aquisições dessa natureza sabe bem como funciona o processo. A fabricante internacional estabelece um preço em dólar para os distribuidores, os quais, por sua vez, fornecem um preço em real para as revendas, que ofertam seus preços ao potencial cliente.

Para que o procedimento de compra avance, faz-se necessário um conjunto de ações, conhecidas como fase interna da licitação, dentre as quais é mandatório estabelecer o orçamento da compra. No presente caso, quando o tribunal fez as cotações, o dólar estava na casa dos R$ 4,50. No momento da licitação, muito tempo depois, uma vez que houve atraso em função da pandemia, o dólar encontrava-se acima de R$ 5,20. Mais de dez participantes competiram no pregão eletrônico e ocorreu o esperado: mesmo após acirrada disputa, o preço do vencedor ficou acima do orçamento. Era evidente que isso aconteceria em razão da mudança cambial. O lógico, sensato e razoável a ser feito era algo absolutamente simples: corrigir o orçamento efetuado pela variação do dólar. Se esse procedimento fosse observado, a licitação estaria dentro dos parâmetros de cotação efetuados e, portanto, poderia prosseguir com sucesso. Ocorre que, se algum pregoeiro tomasse tal ação, muito provavelmente seria interpelado pelos órgãos de controle e teria que prestar uma imensidade de informações. Muito provavelmente seria advertido; afinal, a opinião majoritária é que sempre há alguém querendo tirar vantagem.

Ao invés de ajustar o orçamento, o órgão simplesmente cancelou o procedimento, fez uma nova cotação de preços e republicou o edital. Novamente, a disputa teve mais de dez participantes, e o valor final ficou muito próximo daquele da licitação original. Gastou-se dinheiro público, tempo, recursos dos licitantes, mas, em compensação, o comprador ficou integralmente protegido do controle. Seguiu estritamente à risca um procedimento burro, antieconômico, inefetivo e burocrático que causou prejuízo a todos. No entanto, livrou-se da preocupação de ser abordado futuramente por suas ações.

Casos mais graves têm ocorrido na contratação de serviços de tecnologia da informação (TI). Tanto os órgãos de controle quanto aqueles normatizadores do governo federal tiveram papel preponderante em avanços importantes que permitiram a ampliação e democratização dos fornecedores aos entes públicos. Esses avanços conseguiram quebrar um modelo de contratação altamente prejudicial, baseado em alocação de pessoal e que agrupava as diversas áreas de prestação de serviços em um único e gigantesco contrato, para o qual a competição se restringia a poucas e conhecidas empresas.

Houve uma evolução de uma relação que prestigiava a incompetência – quanto pior for o funcionário e quanto menos ele produzir, melhor será para a empresa, posto que o pagamento é efetuado pela alocação – por um modelo que pagava por resultados. Em resumo, o governo passou a licitar um conjunto de serviços ou blocos de serviços e pagava apenas quando recebia efetivamente o produto resultante dos préstimos do contratado. A empresa, por sua vez, quanto mais eficiente fosse, mais competitiva se tornava. Quanto mais capacitado o funcionário alocado, melhor para todos. Um verdadeiro modelo ganha-ganha.

Infelizmente, como o modelo é mais difícil de fiscalizar (contar pessoas é mais fácil do que medir resultados), alguns atores abusaram e se aproveitaram para gerar lucros excessivos por mecanismos não republicanos. E, então, o que fizeram os órgãos de controle e entes normatizadores? Estão em busca de apurar e punir os contraventores. Porém, ao invés de aperfeiçoar o modelo para evitar desvios futuros, voltaram ao modo anterior de fixar perfis, salários e contar cabeças. Alegam ter encontrado uma fórmula ideal, na medida em que também impõem a medição de resultado. Na prática, é apenas o velho e ineficaz método de alocação de pessoal.

As empresas especializadas e de nicho pararam de ter vantagem competitiva, porque, por melhor que seja a produção de sua equipe, cada pessoa é contada pelo governo apenas como uma pessoa. A situação já estava muito ruim, com margens baixas, poucos resultados efetivos, tempo excessivo gasto com registros burocráticos, quando então chegou a pandemia. Hoje o cenário é assustador. As demandas por transformação digital se ampliaram de forma significativa, fazendo a necessidade por pessoal crescer proporcionalmente, e as empresas descobriram que os profissionais de TI podem prestar serviços de casa. Os bons profissionais estão ganhando fortunas, em função do aquecimento global da procura; e os contratos com o governo, que passaram a estabelecer salários e contar cabeças, já não conseguem atraí-los. As empresas prestadoras de serviços estão vivendo grandes desafios, e nenhum gestor público ousa repactuar os contratos para fazer os ajustes necessários, muito menos rever os parâmetros estabelecidos, mesmo sabendo da ampliação visível dos custos de mão de obra e da falência daquilo que foi proposto. Quem perde mais é a população, que recebe um nível de atendimento digital muito inferior ao que merece.

O cenário, hoje marcado pelo excesso de controle, servidores públicos e empresários acuados, lembra-me uma passagem do extraordinário livro de Douglas Adams: *O guia do mochileiro das galáxias*. Em um determinado momento, o protagonista usa sua toalha para limpar o bico de uma garrafa com o objetivo de higienizar o local. No entanto, o álcool contido no recipiente mata uma "promissora comunidade de microrganismos" que se desenvolvia na toalha.

SUPERFICIAL

"Eu não me importo com o que os outros pensam sobre o que eu faço, mas eu me importo muito com o que eu penso sobre o que eu faço. Isso é caráter."

Theodore Roosevelt

Em algum ano do começo da década passada, fomos eu e meu sócio, com nossas respectivas esposas – há época eu ainda era casado –, a uma feira de tecnologia em Hannover, na Alemanha. Conseguimos conciliar as agendas profissionais com um pouco de turismo e visitamos também Berlim e Frankfurt. As mulheres, com mais tempo livre, conheceram ainda a cidade de Colônia e sua famosa catedral.

Os pavilhões de exposição da cidade sede da feira são enormes e muito bem-organizados, abrigando eventos de diversos setores. Por sinal, essa é uma das principais atividades econômicas do local, que se estruturou adequadamente para receber os turistas de negócios.

Nunca tive familiaridade com a língua germânica, tampouco facilidade em absorvê-la. Mesmo já tendo visitado o país várias vezes, conheço apenas um número reduzido de palavras. Justamente por causa dos pavilhões da feira, e a correspondência efetuada com o inglês, aprendi o significado de "*eingang*" e de "*ausgang*", respectivamente, entrada e saída.

Para fazer o translado de Hannover para Frankfurt, alugamos um carro com antecedência. No dia da viagem, descobrimos que o automóvel ficava estacionado a poucos metros do hotel onde estávamos hospedados, em um edifício-garagem. Subimos, eu e meu sócio, até o andar onde estava nosso veículo e combinamos que eu iria dirigir e ele olhar as placas para descobrirmos a saída.

Achamos o carro facilmente, pois estava bem próximo ao elevador. O ínfimo repertório de conhecimento de alemão seria útil nesse momento; bastava seguir as placas de "*ausgang*". E assim fizemos: fomos na direção das placas de "*ausgang*" e, para nossa surpresa, depois de três ou quatro curvas, voltamos ao mesmo lugar! Repetimos o processo mais uma vez, avaliando que deveríamos ter nos confundido com alguma indicação, porém o resultado foi o mesmo: retornamos para a vaga perto do elevador. Decidimos então desconsiderar as placas – afinal, alemão não é mesmo para qualquer um – e encontramos a saída por conta própria.

Durante a viagem de carro, percebi algo minimamente curioso: várias placas com a palavra "*ausfahrt*" apareceram no trajeto, exatamente quando havia opções de sair da estrada principal para acessar uma cidade ou outras pistas. A ficha caiu: "*ausgang*" significa saída, sim, mas não qualquer uma, apenas saída de pedestres. Na garagem, seguimos as placas erradas e, por tal razão, sempre voltávamos para o elevador. Para saída de carro, a palavra é "*ausfahrt*".

Meu processo de aprendizado foi falho, uma vez que adotei um paradigma da minha língua nativa. A literalidade dos alemães inseriu na formação da palavra que representa o conceito de sair o objeto ou a pessoa que está praticando o ato. Caso eu fosse um estudante da língua, por certo teria trabalhado o assunto de maneira mais consistente e não teria assimilado um conhecimento falso graças à superficialidade do meu esforço. No presente caso, a confusão rendeu apenas uma história engraçada, mas consequências mais graves podem ocorrer com temas de maior relevância.

A propagação de informações pela rede mundial de computadores é responsável por uma modificação no processo de aprendizado. Como o acesso é muito fácil e rápido, qualquer um pode descobrir qualquer assunto e emitir opinião sobre ele. Sob o aspecto lúdico, tal comportamento é ótimo, pois aumenta a amplitude daquilo que se pode comentar em conversas informais.

Quase todo brasileiro, por exemplo, se considera um exímio técnico de futebol. Esse sentimento é aflorado em momentos como a derrota do Brasil na final da Copa América para a arquirrival Argentina. As conversas sobre o esporte, com o apoio da internet, podem trazer para um ou outro indivíduo uma falsa autoridade, obtida por meio de análises rasas ou pela reprodução de estatísticas pouco compreensíveis. O saldo, nesse caso, em geral é uma conversa mais entusiasmada e, possivelmente, divertida, caso os ânimos não se exaltem.

Se os *experts* "doutorados" pelo Google parassem no lazer, estaria tudo bem. Entretanto, o mesmo fenômeno tem ocorrido em assuntos mais complexos e cujos impactos são muito maiores. Temas relacionados a saúde, tributação, infraestrutura, compras públicas e aspectos da tecnologia, como o caso marcante das urnas eletrônicas, são alvo de debates completamente desequilibrados e de graves consequências.

Os grupos de WhatsApp constituem um campo fértil para tais discussões. Em geral, um grupo tem uma afinidade que conecta seus participantes. Família, amigos de infância, da época da escola, dos hobbies, de negócios e de trabalho são ocorrências comuns. É possível, assim como acontece no meu caso, que em sua família um PhD (aquele de verdade, que fez graduação, mestrado, doutorado e pós-doutorado) esteja discutindo sobre sua área de domínio de conhecimento com outro membro da família que leu uma fake news em um site e, por incrível que pareça, considere-se um especialista no assunto.

Espero que ao ler este artigo você não esteja com dor de dente, nem que seu carro esteja quebrado, muito menos que você ou algum parente esteja acometido de alguma doença. Se, infelizmente, algo dessa natureza estiver acontecendo, devo torcer para que, guiado pelo bom senso, você procure um dentista, um mecânico ou um médico, conforme o caso.

Sei que parece mais difícil, mas, se você quer entender sobre urnas eletrônicas, licenciamento ambiental, vacinas ou concessões de infraestruturas de transporte, penso que é melhor escutar os especialistas do que ler as manchetes propagadas pelas mídias ou por pessoas com interesses meramente eleitorais.

USANDO O FUTEBOL COMO PANO DE FUNDO

"A vida é a arte do encontro, embora haja tanto desencontro pela vida."

Vinícius de Moraes

Depois da frustrante derrota da seleção brasileira para a Bélgica na Copa do Mundo de 2018, e considerando o pífio desempenho do meu time do coração, o Botafogo, que mais uma vez foi parar na segunda divisão, tenho assistido muito poucas partidas de futebol. Em julho de 2021, no entanto, ocorreram duas finais muito interessantes: Brasil x Argentina pela Copa América e Inglaterra x Itália pela Eurocopa. Para minha tristeza, nossa seleção perdeu, e logo para nosso maior rival.

Como já temos um número imenso de especialistas do esporte no país, vou me abster, mas não totalmente, dos comentários futebolísticos e dedicar-me a outros fatores que rondaram as partidas. Em primeiro lugar, chamou muita atenção a diferença em relação à presença do público. Em Wembley, em torno de 60 mil pessoas assistiram à final, número correspondente a 75% da lotação do estádio. Houve outras aglomerações durante a Eurocopa, tanto em Londres quanto em Roma, demonstrando uma de duas coisas: ou os europeus confiam na vacina contra a COVID-19, ou tanto os governantes quanto a população são tão fanáticos por futebol a ponto de colocar a vida em risco para assistir a uma partida. Embora a realidade possa refletir um pouco de cada coisa, acredito que, majoritariamente, a primeira afirmação é a que teve mais peso. Na Inglaterra, aproximadamente três quartos da população adulta já foram vacinados com pelo menos uma dose[11].

O Maracanã, por sua vez, recebeu apenas 10% de sua capacidade na final da Copa América. A ideia era manter um afastamento mínimo de 2 metros entre as famílias, mas quem acompanhou o espetáculo sabe que a medida foi inefetiva, pois as pessoas se juntaram em blocos para poder torcer. No Brasil, 40% da população adulta já foram vacinados no mínimo com a primeira dose[12].

A diferença de público em eventos esportivos pode não ser tão relevante. No entanto, estudos da Austin Rating apontam que os países que conseguiram combater o coronavírus de forma eficaz estão se recuperando mais rapidamente em termos econômicos. Embora no Reino Unido isso não tenha ocorrido. Das cinquenta economias analisadas, o país ocupava apenas a 43ª posição em

[11] Dados de julho de 2021.

[12] Idem.

crescimento econômico no segundo trimestre de 2021, enquanto o Brasil estava na 19ª, de acordo com a agência.

Outro aspecto relevante é a atração de eventos esportivos para a região. As nações mais desenvolvidas já compreenderam a importância de realizar competições de alto desempenho em seu território. Apenas como exemplo, no mesmo dia da final da Eurocopa, Londres foi palco de mais uma final do *Grand Slam* de Wimbledon, um dos eventos mais tradicionais do tênis profissional. Exposição na mídia, turismo, movimento no comércio da cidade-sede, promoção da imagem do país são apenas alguns dos pontos relevantes.

No Brasil, algumas vezes por falta de compreensão e outras por objetivos políticos, parte do público se rebela contra iniciativas dessa natureza. Ocorreu na Copa do Mundo em 2014, nas Olimpíadas em 2016 e agora na Copa América em 2021. Curiosamente, alguns que defenderam os eventos anteriores estavam atacando o último e vice-versa. Estamos com uma mania terrível de associar nossos pensamentos com a simpatia ou antipatia ao político do momento. Espero que um dia a população compreenda que Estado e governo são conceitos distintos e haja uma convergência maior quanto à estratégia e às necessidades do primeiro, mesmo que as divergências quanto ao segundo estejam presentes.

Detestei perder em nossa final, porém não se pode deixar de comentar a postura do grande craque argentino, Messi, antes, durante e depois da partida. Apesar da rivalidade, o talento do atleta, que obteve seu primeiro título pela seleção argentina, merece destaque. O Brasil jogou melhor, foi combativo, teve mais oportunidades, demonstrou disciplina tática, mas perdeu. Futebol é assim, e talvez por isso seja o esporte mais adorado do mundo.

Na decisão de lá, o técnico inglês, ao final da prorrogação, colocou dois jogadores em campo com a finalidade exclusiva de escalá-los para a cobrança de pênaltis. Esses dois exímios cobradores erraram e contribuíram para a derrota da sua seleção para a Itália. Após o jogo, o treinador assumiu a responsabilidade e disse estar confiante nos atletas e na equipe para o mundial. Podem imaginar o que aconteceria com o sujeito se ele fosse técnico da seleção brasileira? São diferenças culturais que merecem ser analisadas.

Para concluir, assim como tem ocorrido em todos os setores, a tecnologia está invadindo o futebol. Seja na melhoria das transmissões, na preparação dos jogadores, no estudo dos adversários, como também na garantia de uma melhor arbitragem com a adoção do já famoso VAR, sistema dos árbitros de vídeo. Segundo a UEFA – União das Federações Europeias de Futebol, o dispositivo foi utilizado 276 vezes em 51 jogos e corrigiu apenas 18 decisões, ou seja, os árbitros de campo apresentaram um índice de acerto de 93,5%. Após o evento, as revisões foram analisadas e a entidade divulgou o nível de acertos: 100%. Ressalto que as rápidas e acertadas intervenções com o uso da tecnologia no momento da partida, bem como os estudos posteriores, foram efetuadas de forma integralmente eletrônica, sem qualquer papel impresso das imagens para garantir a legitimidade do ocorrido.

QUANDO O PROPÓSITO É O PERIGO

"Há certo gosto em pensar sozinho. É ato individual, como nascer e morrer."

Carlos Drummond de Andrade

Maria Skłodowska nasceu em Varsóvia em 1867. Contra todas as probabilidades, conseguiu feitos notáveis que a imortalizaram. Foi a primeira mulher ganhadora do Nobel, a primeira pessoa a receber o prêmio duas vezes e a única que o fez em duas disciplinas diferentes – um em física (1903) e outro em química (1911). Foi, ainda, a primeira docente feminina da Universidade de Paris, descobridora de dois elementos químicos – rádio e polônio –, e a pessoa que cunhou o termo "radioatividade". Foi ela que criou os aparelhos de raio-X portáteis utilizados na Primeira Guerra, além dos princípios para o tratamento de câncer que resultaram no procedimento denominado "radioterapia".

Caso o leitor seja conhecedor da história, talvez esteja imaginando que os feitos mencionados são, na verdade, de Marie Curie, e não da tal Maria citada pelo texto. O fato é que nossa heroína polonesa foi naturalizada na França e ganhou o sobrenome por ter se casado com Pierre Curie, com quem compartilhou o Nobel de física. Uma das filhas do casal, Irene Curie, juntamente com o marido, Frederic, também foi contemplada com o Nobel em 1935, pela descoberta da radioatividade artificial.

Nossa protagonista empresta seu nome a institutos, museus, laboratórios, tratamentos e serve de inspiração para milhões. As implicações teóricas e práticas que derivam dos seus estudos possuem vasta influência sobre diversas tecnologias. No saldo, sem qualquer sombra de dúvida, uma pessoa com grande contribuição positiva para o planeta. Apesar dos merecidos louros, não podemos fechar os olhos para os efeitos colaterais decorrentes das suas descobertas. A própria pesquisadora veio a falecer em 1934 de anemia aplásica, doença cuja origem foi, justamente, a exposição à radiação!

No filme *Radioactive* (Radioatividade), um romance sobre boa parte da vida adulta da cientista, são efetuadas várias associações entre suas descobertas – inclusive de forma não totalmente justa, mas bem dramática – e a bomba atômica que dizimou Hiroshima. Evidentemente, a produção relata muito mais benefícios do que malefícios, o que reflete a realidade.

Os desdobramentos de uma descoberta científica são incalculáveis e imprevisíveis. Talvez os criadores tenham certa capacidade de antever alguns impactos; no entanto, quanto mais o tempo avança e quanto mais poderoso é o conceito, mais consequências são geradas.

Sem que a maioria tenha se apercebido, entramos em um momento crítico sobre um ramo do conhecimento cujos potenciais de influência são infinitamente maiores do que, por exemplo, a radioatividade.

A Inteligência Artificial (IA) tem atraído por décadas – sob o aspecto filosófico, por centenas de anos – esforços de pensadores, matemáticos, físicos, engenheiros e diversos outros cientistas. Ao contrário do que se poderia imaginar, não é uma disciplina recente; o fato é que nunca esteve tão aquecida como agora. A diferença entre passado e presente é a capacidade computacional para colocar em prática as teorias construídas até o momento. O avanço exponencial da matéria está chamando a atenção de vários expoentes mundiais, personalidades, setores, indústrias, organizações acadêmicas e países, que alertam para os perigos do tema e para a necessidade de construção de modelos éticos para o uso da tecnologia.

Em julho de 2021, o Ministério da Ciência, Tecnologia e Inovação lançou a Estratégia Brasileira de Inteligência Artificial (EBIA), cujo objetivo é: "potencializar o desenvolvimento e a utilização da tecnologia com vistas a promover o avanço científico e solucionar problemas concretos do país, identificando áreas prioritárias nas quais há maior potencial de obtenção de benefícios".

Por óbvio, os ganhos que se podem obter são imensos. No entanto, como já aprendemos, é preciso lidar adequadamente com os efeitos colaterais negativos, os quais, no presente caso, são danosos a ponto de terem a capacidade de extinguir a raça humana – pelo menos na visão de alguns escritores de ficção científica.

A EBIA não se esquece desse ponto e, assim como diversos organismos internacionais, aponta para os cuidados éticos quando do desenvolvimento e da utilização da disciplina: "Princípios éticos devem ser seguidos em todas as etapas de desenvolvimento e de uso da IA, podendo, inclusive, ser elevados a requisitos normativos integrantes de todas as iniciativas governamentais quanto à IA".

Paralelamente ao lançamento da EBIA, estão sendo discutidos no Congresso Nacional projetos para regulamentação da IA. O medo dos poderosos desdobramentos que podem advir do assunto já ronda a Câmara e o Senado, mas a verdade é que ninguém ainda sabe exatamente como barrar as implicações negativas. O mundo, conforme já mencionado, aponta para a necessidade de princípios éticos, tese com a qual todos concordam; o difícil é fiscalizar, punir e destruir o que não está certo.

Quando se analisa indústrias que produzem algo tangível, como medicamentos, é possível estabelecer e cumprir critérios de segurança. Agências governamentais têm o poder de limitar as metodologias, os insumos, a pesquisa e a própria comercialização de remédios dentro de sua jurisdição. A propósito, o desenvolvimento de um novo fármaco envolve milhões, eventualmente, bilhões de reais, fator responsável pela redução do número de atores.

O ambiente de IA é totalmente diferente. Se Marie Curie, com sua genialidade, se dedicasse à área apenas com alguns potentes computadores e acesso a softwares gratuitos, poderia alcançar avanços extraordinários, os quais, do ponto de vista da atividade regulatória, seriam imperceptíveis até que estivessem prontos e em pleno funcionamento.

O que estou afirmando é que um indivíduo, desde que tenha um mínimo de talento, é capaz de avançar significativamente na disciplina sem depender de estruturas, equipes e investimentos exagerados. Ou seja, o desenvolvimento, ao contrário de outras invenções e setores, ocorrerá de forma muito mais diluída, fator que praticamente inviabiliza as regulações tais quais conhecemos hoje.

Enquanto os algoritmos estiverem sendo direcionados pela vontade humana, talvez por ingenuidade minha ou excesso de otimismo, acredito serem os benefícios maiores do que os problemas. Afinal, insisto na crença de que o bem, em geral, vence o mau. Ocorre que a IA é capaz de gerar novos códigos por si própria. Se os "filhos" concebidos ainda responderem à vontade do criador original humano, estaremos seguros. O perigo é se um dia algum "descendente" da IA criar consciência e tiver vontade própria. Nesse caso, o propósito da máquina passa a ser o risco do homem.

LIBERTAÇÃO

"O melhor lugar do mundo é dentro de um abraço."

Jota Quest – composição de Rogério Flausino e PJ, baseada na obra de Martha Medeiros.

Toda restrição gera oportunidades. A dificuldade de se comunicar a longa distância no passado impulsionou a criação de uma enormidade de aparatos que hoje nos permitem falar instantaneamente com qualquer lugar do planeta (e quase de graça, se você estiver usando um Wi-Fi que não seja o seu). Nossa incapacidade de voar nos trouxe o avião; a ameaça constante de predadores nas savanas fez a humanidade produzir meios para se defender; nossa limitação física de gravar na memória tudo o que acontece conosco nos fez inventar inúmeros dispositivos auxiliares para o registro de dados, como as câmeras fotográficas para as imagens.

Quando um indivíduo ou uma sociedade são submetidos a desafios, existe a possibilidade real de encontrar novos caminhos melhores do que os anteriores e progredir. Em inúmeros casos, a pressão não consiste apenas em uma alternativa para o desenvolvimento, mas é indispensável para que a mudança ocorra. Uma borboleta cujo casulo tenha sido rompido por elementos externos não consegue completar seu ciclo de amadurecimento e, em consequência, não consegue voar.

Uma vida fácil demais, principalmente na infância e na juventude, pode atrapalhar a formação do indivíduo. Não é à toa que alguns dizeres populares circularam desde muitos anos: "Homens fortes criam tempos fáceis, e tempos fáceis geram homens fracos, mas homens fracos criam tempos difíceis e tempos difíceis geram homens fortes". "Pai rico, filho nobre, neto pobre."

Esse é um grande desafio para as famílias que romperam os limites da pobreza e conseguiram prosperar pelos próprios méritos. Em geral, esses pais querem proporcionar aos filhos aquilo que não tiveram. É um desejo legítimo e saudável. No entanto, quando se erra na dose, as consequências são extremamente negativas.

O mesmo ocorre com a evolução das nações. Países como o nosso, com clima tropical e vegetação em abundância, são propícios para o extrativismo. Sem as severidades de um inverno rigoroso, deixamos de planejar e desenvolver diversas tecnologias que foram responsáveis por avanços em países de clima temperado. Os resultados dessa diferença podemos observar com muita clareza. Basta comparar a América do Sul e o continente africano com boa parte dos países que ficam acima da linha do equador.

Essa tese geopolítica não é minha, mas difundida por muitos estudiosos mundo afora. Para ficar com a referência no Brasil, vou citar Heni Ozi Cukier, que, apesar do nome, nasceu em São Paulo. Ele é deputado estadual por seu estado de origem, cientista político, consultor e palestrante, atuou na Organizações dos Estados Americanos (OEA), na Organização das Nações Unidas (ONU), fundou a consultoria Insight Geopolítico e tem um vasto repertório de aparições públicas em redes locais e nacionais para análise de problemas políticos internos e internacionais. Tive acesso a uma de suas palestras por indicação do meu amigo Francisco Camargo, fundador da CLM e presidente do Conselho da ABES – Associação Brasileira das Empresas de Software.

Evidentemente, as adversidades também possuem o poder de infringir danos, alguns devastadores. A despeito da recuperação econômica que já começou a ocorrer, temos no Brasil mais de 14 milhões de desempregados em função da pandemia. Ainda há outros efeitos graves, como a perda de entes queridos – esse sem sombra de dúvidas o pior de todos –, falências, impactos emocionais severos, dentre outros.

Assim como em outras ocasiões, nessa também surgiram inúmeras oportunidades. A proliferação de agendas virtuais, além de dinamizar empresas que se dedicaram ao tema, tem permitido às pessoas conviverem mais tempo com suas famílias. Muitos avanços em serviços digitais – que aumentaram a qualidade de atendimento ao cliente – foram desenvolvidos nesse período, assim como evoluções nos meios de pagamento, como o uso de meios de pagamento que funcionam por proximidade e evitam pedir a senha dentro de determinados limites.

É consenso que uma onda de transformação digital, extremamente benéfica para a sociedade, foi impulsionada com a pandemia, e suas consequências repercutirão por vários anos. Eventualmente, a história irá mostrar este momento como um ponto de inflexão para a virtualização da realidade. A influência da pandemia no comportamento humano e nas dinâmicas sociais, no entanto, ainda será alvo de inúmeros debates ao longo dos anos. Somos seres sociáveis e até agora não nos acostumamos integralmente com o distanciamento físico imposto.

No decorrer no mês de julho, um grande e querido amigo fez 50 anos. Ele adora festas, motivo pelo qual não se privou do prazer de celebrar esse momento tão especial. Seguiu todos os protocolos recomendados pelos organismos de saúde e obteve sucesso. Não houve qualquer incidente de transmissão do vírus da COVID-19 na ocasião tão bem-preparada. Quando chegamos ao encontro, conforme já houvera sido anunciado, fizemos o teste rápido, cujo resultado saiu em quinze minutos. O mesmo ocorreu com cada um dos que prestaram serviços e com cada convidado. Somente tinha acesso ao evento quem testava negativo.

Como de costume, a festa foi maravilhosa. A grande diferença em relação ao que vivi nos últimos tempos foi a enorme liberdade que as pessoas sentiram por poder se abraçar livremente. Vários dos que ali estavam não se viam fisicamente desde o início da pandemia, e os encontros foram efusivos. Não há qualquer dúvida de que o grupo Jota Quest está absolutamente certo: o melhor lugar do mundo é dentro de um abraço!

COLCHA DE RETALHOS

"Um dos maiores erros que existem é julgar os programas e as políticas públicas pelas intenções e não pelos resultados."

Milton Friedman

Na minha tenra infância, costumava passar a maior parte das férias acompanhando meu pai, sr. José Miguel Salomão[13], em sua oficina de consertos de eletrodomésticos. Íamos da nossa casa para o trabalho, ora de carro ora de ônibus, levando a marmita feita por minha mãe, dona Geny, que era deliciosamente devorada no almoço.

Meu pai, um apreciador de música caipira, passava com frequência por um local utilizado como palco por um sanfoneiro cego. Ele adorava muitas das canções, mas a interpretação do artista mais apreciada por ele era "Colcha de retalhos", de autoria de Raul Torres, um dos grandes compositores desse estilo musical. A letra associa o título a uma vida pobre, na qual os protagonistas reúnem trapos para fazer uma colcha que vai protegê-los do frio. A amada, no entanto, consegue outro companheiro, mais abonado, e passa a se utilizar de um material mais nobre: o cetim. A melodia nunca me saiu da cabeça.

O termo "colcha de retalhos" é utilizado, além, é claro, do significado original, para definir algo construído com várias coisas diferentes, normalmente não harmoniosas e não planejadas. Remete à ideia de improvisação, de gambiarra, de arranjos descoordenados e impensados. Uma mistura feita de última hora para resolver de maneira provisória, paliativa, algum problema ou objetivo que merecia uma atenção mais cuidadosa.

Os Jogos Olímpicos de Tóquio 2020 trouxeram para o Brasil o melhor resultado histórico em número de medalhas, bem como sua melhor colocação histórica: 12º lugar, com sete ouros, seis pratas e oito bronzes. Apesar da alegria pelas conquistas e a emoção que aflora nos momentos decisivos, infelizmente não estamos nos deparando com uma evolução consistente do esporte no país. A equipe verde-amarela é uma verdadeira colcha de retalhos, composta de pessoas maravilhosas, batalhadores incansáveis, atletas extraordinários, heróis desconhecidos; isso, porém, é o melhor que se pode dizer dela. Não é fruto de uma política de Estado planejada, cujo objetivo deveria ser o aprimoramento constante e a busca de resultados consistentes.

[13] À época da publicação do artigo, o pai do autor estava com 96 anos. Ele veio a falecer poucos meses depois, em 20/11/2021.

O esporte, por si só, já é de alta relevância social, tanto pelos aspectos da saúde, do lazer, da integração, quanto pelos ensinamentos de dedicação, concentração, desempenho e busca pela vitória. Deveria ser, no nosso país, um forte pilar de educação, organizado para ser inclusivo, integrador e, ao mesmo tempo, competitivo.

Quando se trata das Olimpíadas, o esporte ganha seu ápice de relevância. A atenção do mundo inteiro se volta para a entrega dos atletas, para a superação, para a mais pura emoção de patriotismo, mas também de admiração pelos gestos nobres que representam o ponto mais alto do espírito olímpico. Nada melhor do que ouvir nosso hino enquanto vemos nossos atletas receberem uma medalha dourada. Não é para menos, o momento glorifica jovens – veja nossa "fadinha", Rayssa Leal, de apenas 13 anos, prata no skate – e também personalidades reconhecidas mundialmente, já extremamente bem-sucedidas – em Tóquio, o atleta mais velho da delegação brasileira é Marcelo Tosi (51), do hipismo. Coloca no palco, e depois no pódio, pessoas de todas as raças, origens, crenças e culturas. Altos, baixos, esbeltos, robustos, magros e gordos. Não há discriminação que supere o melhor desempenho. A medalha vai para o peito daqueles que tem a performance superior.

Vários países já compreenderam a importância do evento como mensagem de propaganda e endomarketing. Não é à toa que, por exemplo, os Estados Unidos, em sua mídia interna, subverteram a regra de classificação do COI – Comitê Olímpico Internacional, que classifica os competidores pelo número de medalhas de ouro, e colocou a si próprio na frente da China, considerando o número total de medalhas, quando estava perdendo no critério original. No último dia das competições, conseguiram chegar ao topo mesmo no quesito correto, proporcionando uma virada emocionante que nunca será apreciada pelos seus cidadãos, que já acreditavam estar ganhando.

Políticas de Estado são as únicas capazes de tratar problemas como o de transformar o Brasil em potência olímpica ou organizar setores econômicos inteiros. É o caso da agricultura. Temos condições propícias para produzir, como amplitude territorial, clima e terras de boa qualidade, mas apenas isso é insuficiente. Para chegarmos ao padrão atual, batendo recordes de produção de grãos a cada ano, foi preciso um movimento conjunto de longo prazo. As pesquisas, o zoneamento agrícola, o atendimento ao produtor rural e a informatização das lavouras nos permitem produzir mais por hectare do que os Estados Unidos (3,517 Kg/ha x 3,379 Kg/ha, segundo dados da Embrapa de 2021).

Em menor escala, conseguimos resultados localizados no setor de tecnologia da informação, especificamente em cidades que organizaram seu ecossistema (governo, empresas e academia), independentemente da política do momento, tal como Florianópolis e Recife. Infelizmente, Brasília, cuja vocação natural é a economia digital, tem se mostrado um fracasso em termos de política pública. O projeto de parque tecnológico, nascido do meio empresarial – com destaque para o saudoso Antônio Fábio Ribeiro –, ganhou forma por meio do BioTic. Uma iniciativa de nome infeliz, devido ao significado do termo em inglês, "biótica", e desempenho ainda pior, justamente por ter sido conduzida, em sua concepção, com a exclusão do setor empresarial por questões políticas. Tal fato demonstra que não podemos nos submeter aos sabores momentâneos da política.

Espero que a necessidade de pensar no Brasil em longo prazo e deixar de lado desavenças pontuais político-partidárias seja incorporada pelos nossos governantes, assim como pela nossa sociedade. Dessa forma, o exemplo da agricultura poderá ser seguido por outras áreas, proporcionando mais alegrias nas próximas Olimpíadas, mas, principalmente, o desenvolvimento pleno de setores econômicos relevantes para o país, como o de tecnologia da informação.

SEU POLÍTICO VALE TANTO ASSIM?

"Podemos ter pontos de vista diferentes, mas é em momentos de estresse e dificuldade que mais precisamos lembrar de que temos muito mais em comum do que aquilo que nos divide."

Rainha Elizabeth II

Black Mirror é um seriado de ficção científica que ocorre em um futuro próximo e explora os conflitos entre a natureza humana e os avanços tecnológicos. Os episódios não guardam um mesmo elenco em comum, nem há uma história que os conecte. O que torna o conjunto de filmes isolados uma única obra é a constante provocação dos impactos exacerbados de uma tecnologia específica e seus efeitos na sociedade.

No primeiro episódio da terceira temporada, o tema central é a reputação nas redes sociais. Ao encontrar qualquer indivíduo, seja ele conhecido ou apenas um estranho no trânsito, as pessoas dessa distopia são capazes de identificá-lo e, automaticamente, por meio do uso de uma lente de contato altamente desenvolvida e conectada à rede mundial de computadores, associá-lo a uma nota única proveniente da rede social.

Além disso, em função da interação, estão aptos a dar notas aos outros, as quais são imediatamente computadas e alteram a qualificação do indivíduo que as recebeu. Quanto maior sua própria avaliação, mais impactante é sua opinião sobre o outro. Mais ainda, as autoridades de segurança, além da autonomia individual de atribuir pontos, possuem poderes institucionais para punir um infrator da lei, rebaixando sua reputação e fazendo com que avaliações negativas tenham efeitos duplicados por um determinado período de tempo.

O *ranking* criado passa a servir como referência para qualquer atividade. Para quem tem nota próxima de 5, as portas estão sempre abertas, há descontos, exclusividades, mimos, acessos diferenciados em clubes restritos e alta visibilidade. Se, no entanto, a pessoa tem nota mais baixa, enfrentará obstáculos para ter um emprego respeitado, alugar um imóvel em bairro digno e até restrições para frequentar bons ambientes. Como a reputação deriva diretamente da avaliação daqueles com os quais os indivíduos se relacionam, cria-se um ambiente artificial, onde todos procuram agradar a todos.

Se você ainda está tendo dificuldade para imaginar um mundo assim, vamos pensar em exemplos naturalmente ocorridos conosco na atualidade, como é o caso do Uber. Assim que uma corrida é selecionada, um motorista do aplicativo será designado para atender o seu chamado. Nesse momento, você será capaz de ver o nome, o carro, a placa e a nota do motorista. Se ele tiver nota excessivamente baixa, é possível que você prefira cancelar a corrida e escolher outro motorista. A avaliação do requisitante também é visualizada pelo motorista, de forma que a recíproca pode ser verdadeira – se um passageiro se comporta mal com frequência e tem nota baixa, pode ser recusado. Ao término da corrida, há uma avaliação mútua, que é processada e modifica o *status* de ambos. De certa forma, o sistema "obriga" um comportamento civilizado, inclusive porque motoristas muito mal avaliados podem ser descredenciados pelo aplicativo.

Fazemos algo similar em outras plataformas, como Mercado Livre, TripAdvisor, Airbnb e Vivino. A opinião da coletividade sobre um determinado produto ou serviço cria uma reputação que interfere diretamente na performance futura daquilo que é avaliado. O sistema de atribuir estrelas é extremamente simples, compreensível e muito útil, motivo pelo qual avança com força na medição da satisfação dos clientes avaliadores. Exagerar a importância dessa nota e inserir o comportamento individual nas avaliações foi justamente a mistura na qual *Black Mirror* se inspirou para o mencionado episódio.

Ocorre que o conceito de reputação precede em muito o modelo de redes sociais previstas pela ficção. Mesmo sem conhecê-las, cada um de nós forma juízo sobre pessoas, em especial as públicas, pelos seus supostos feitos, bons ou ruins. É claro que a mídia está pouco preocupada com a repercussão da notícia para a família, para amigos, vizinhos e a comunidade com a qual a pessoa retratada se relaciona. O que importa mesmo é a audiência. Quanto mais escândalo, melhor. Quanto pior a acusação, melhor. Quanto mais obscenos e hediondos os supostos atos, melhor.

Infelizmente, a proliferação das guerras políticas pelos aplicativos de comunicação criou novos e inconveniente atores: "os repassadores por conveniência". São aqueles que não fazem filtros, não pesquisam, não tentam descobrir se a notícia é verdadeira ou falsa; basta apenas que ela atenda aos seus próprios interesses ou convicções para que a espalhem para suas dezenas de grupos.

Na semana que passou, recebi de um desses indivíduos uma notícia difamatória sobre um conhecido meu. Tenho absoluta certeza de que quem replicou a fake news não conhece a pessoa, tanto é que o nome da vítima veio grafado incorretamente. O autor da façanha de espalhar mentiras parece ignorar que o difamado tem família, esposa, filhos, amigos, colegas de trabalho e um histórico sério de prestação de serviços ao país. Deve ter se esquecido, também, de que se trata de um ser humano com sentimentos, que pode se sentir humilhado e potencialmente afetado psicologicamente, com efeitos incalculáveis. O acusado não chega a ser uma personalidade pública, não é um "figurão", não é um dos que ditam os rumos do país, apenas defende uma causa que o político preferido desse "repassador por conveniência" abomina.

Talvez esses repassadores de informação devessem experimentar um pouco de empatia e se colocar na pele daqueles que estão atacando. Fico me perguntando se algum político, por melhor e mais bem-intencionado que seja, vale tanto a ponto de que seus seguidores cegamente ataquem a reputação de pessoas que sequer conhecem. Antes das notas negativas que serão atribuídas a mim e ao meu texto pelos fanáticos, esclareço que acredito na defesa de ideais políticos e que as pessoas públicas possuem consciência de que irão se expor ao ocupar posições de destaque. Isso, no entanto, não deveria dar a ninguém o direito de destruir a imagem daqueles que não conhecem e que sequer estão na posição de pessoa pública.

ENVIESADO

"Nós encontramos conforto entre aqueles que concordam conosco – crescimento entre aqueles que não concordam."

Frank A. Clark

A mente humana tem o incrível poder de interpretar os fatos de maneira a sustentar suas próprias crenças preestabelecidas. Por essa razão, pessoas que possuem pensamentos diferentes, ou até opostos, podem olhar para um mesmo acontecimento e, ainda assim, se utilizar dele para defender pontos de vistas diversos.

Quem gosta da carreira comercial possivelmente conhece esta antiga história:

> Dois vendedores de sapatos foram transferidos para explorar o potencial de mercado de aldeias na África. Após visita e análise, o primeiro passou a seguinte mensagem:
>
> "Recomendo não investir na região. Impossível vender. Aqui ninguém usa sapato."
>
> Já o segundo, sob circunstâncias exatamente iguais, emitiu parecer diferente:
>
> "Vamos investir imediatamente. A região tem imenso potencial, afinal ninguém aqui usa sapato".

Mais comum e conhecida talvez seja a história do copo meio cheio ou meio vazio quando se observa um recipiente com líquido até a metade. Em qualquer um dos casos, o essencial é a produção de argumentos favoráveis a teses distintas tendo como base um fato único. Talvez, se se permitir conviver com pessoas de pensamentos antagônicos, o leitor possa averiguar tal comportamento na prática. A mesma notícia servirá, em alguma medida, de argumento para ambos, mesmo que as defesas de pensamento sejam diametralmente opostas.

Muitas explicações podem ser dadas para o fenômeno; a de minha preferência é aquela abordada no livro de Anthony Robbins, *Desperte o seu gigante interior*, afirmando que vemos o mundo por intermédio de filtros pessoais únicos. Se o universo fosse apenas sobre cores e um indivíduo adorasse o verde, a ele bastaria colocar uma lente de contato que fizesse a exclusão das outras cores. Ele veria tudo na sua cor preferida e qualquer outra concepção de cor seria inconcebível; delírios de pessoas que não possuem bom gosto.

São inegáveis os inúmeros benefícios trazidos pelas redes sociais. Por meio delas, conseguimos mobilizar pessoas em causas comuns, reencontrar amigos de infância, arrecadar donativos para pessoas carentes, compartilhar momentos felizes, transmitir mensagens de otimismo e fé. No documentário *O dilema das redes*, apesar de reconhecer o lado bom mencionado, ex-colaboradores influentes das *big techs* contam os riscos e malefícios causados pelo uso excessivo das plataformas. O mais importante é justamente compreender que manter cada vez mais pessoas conectadas é o objetivo das grandes empresas de tecnologia. Quanto mais público, por mais tempo, mais dados, melhor a compreensão do interesse de consumo, mais propagandas e mais dinheiro.

Apesar do cérebro poder interpretar quase qualquer coisa a favor das próprias crenças, é muito mais confortável receber informações compatíveis com aquilo em que você acredita. Sendo assim, o maior esforço dos algoritmos é enviesar a escolha dos *posts* mostrados para o usuário, de forma que correspondam da melhor maneira possível àquilo que ele gostaria de receber como informação. Quanto maior a semelhança com sua linha de pensamento, mais interação, mais engajamento, maior o tempo de permanência. Os algoritmos das redes sociais possuem o desafio de viciar os internautas e estão sendo muito bem-sucedidos.

Uma compreensão aprofundada do assunto foi apresentada na aula magna da PUC-SP, em agosto de 2021, "As múltiplas dimensões dos algoritmos", ministrada pelo dr. Virgílio Almeida, professor emérito da UFMG e integrante da Berkman Klein Center for Internet and Society (Harvard), que tive o imenso prazer de conhecer quando ele ocupou papel de destaque no Ministério da Ciência, Tecnologia e Inovação (MCTI). A íntegra do conteúdo, que recomendo de maneira enfática, está disponível no YouTube, inclusive com a participação especial de um dos maiores ícones da internet brasileira, Demi Getschko, presidente do NIC.br e eterno integrante do Comitê Gestor da Internet do Brasil.

Dentre muitos esclarecimentos, fica evidente que a estratégia utilizada pelos algoritmos é individualizada e livre de viés próprio. O direcionamento é construído segundo o perfil de cada usuário, de acordo com aquilo com que ele possui mais afinidade, gerando uma chance maior de repetir seus próprios pensamentos ou comportamentos. Um indivíduo que se mantém mais conectado quando recebe e compartilha informações de otimismo, vai reforçar seu conjunto de crenças graças às escolhas feitas para ele pelo algoritmo, espalhando mais otimismo. Por outro lado, se o internauta tiver alguma tendência homofóbica, as redes não farão um filtro de ética e vão mandar postagens que acentuem o comportamento inadequado, o que pode ser péssimo para a sociedade.

Em resumo, o usuário vai sendo rodeado de um universo artificial onde todos pensam como ele, defendem as mesmas ideias e apreciam os pensamentos iguais aos seus. A mente fica absolutamente confortável, pois não há provocações severas sobre o contraditório. Infelizmente, quando esses mesmos indivíduos voltam para seu mundo real, precisam conviver com familiares, colegas de lazer e de trabalho, os quais não foram "devidamente disciplinados" pelos algoritmos. Acentua-se então o efeito da polarização, que acaba levando a desentendimentos e rompimentos. Afinal, como o outro pode se recusar a compreender as verdades tão evidentemente proferidas, defendidas e propagadas por ele e seu grupo de afinidade?

Não creio que as grandes corporações, por si próprias, irão interferir nesse processo, uma vez que está ótimo da forma como está: cada vez mais usuários, que gastam mais tempo nas plataformas e que geram riquezas crescentes para os acionistas. A solução, que deve passar forçosamente pela limitação das escolhas feitas pelos algoritmos considerando questões éticas, sociológicas, filosóficas e humanistas, deve vir de regulação externa, seja de governos, seja de entes multilaterais.

Mesmo em um tempo de evoluções exponenciais, ainda estamos distantes de intervenções como essa, levando-se em conta, dentre tantos fatores, o poder já gigante e cada vez maior das *big techs*. Nesse ínterim, precisamos de um esforço individual que, embora seja de difícil execução, tem potencial de preservar relacionamentos relevantes e trazer uma vida mais equilibrada. Por mais que sua verdade pareça A VERDADE, antes de rotular, insultar e romper relações, lembre-se de que a verdade do outro é tão verdadeira para ele quanto a sua para você.

PRIVATIZAÇÃO DAS EMPRESAS PÚBLICAS DE TI

"Um homem pode plantar uma árvore por vários motivos. Talvez ele goste de árvores. Talvez ele queira abrigo. Ou talvez ele saiba que algum dia pode precisar da lenha."

Joanne Harris

Quando eu tinha 6 anos, vi pela primeira vez um tabuleiro de xadrez. Nessa época, meu irmão, Jorge, estava na Aeronáutica, servindo na base aérea de Anápolis/GO. Ele conheceu o jogo por lá e, considerando que na nossa casa sempre gostamos de jogar, resolveu apresentar a nova diversão à família. Algum tempo depois, ganhei o livro *Xadrez Básico*, de Orfeu Gilberto D´Agostini, o qual tenho até hoje, e, após tê-lo estudado, comecei a vencer meu irmão, que decidiu não seguir nem a carreira militar nem a de enxadrista.

Pelas inúmeras virtudes desse fenomenal passatempo, continuei minha prática e cheguei a disputar alguns torneios, embora sem grande sucesso. Meu melhor desempenho foi em um campeonato sul-americano no qual obtive o meritório 54º lugar de um total de 120 jogadores, dos quais apenas eu tinha 15 anos (os demais participantes eram todos adultos). Apesar de não ter obtido resultados mais expressivos, o xadrez me trouxe alguns ensinamentos: pensar antes de jogar, prever as diversas reações do adversário, antever jogadas possíveis, explorar as debilidades de estrutura, desenvolver a concentração, o raciocínio lógico e assim por diante.

Um conceito muito especial, advindo da minha experiência enxadrística, é representado na frase de Aaron Nimzowitsch, grande mestre internacional nascido na Letônia em 1886: "A ameaça é mais forte que sua execução". Ele significa que, inúmeras vezes, o adversário é mais molestado por uma possibilidade do que seria pelo próprio lance. A transposição para a vida real é bastante evidente. Não raro presenciamos pessoas, e até mesmo organizações, entrarem em colapso por algo que sequer chegou a acontecer. No campo da tecnologia, apenas para citar um único exemplo, foram gastas fortunas para corrigir problemas relacionados ao famoso "bug do milênio".

Quando os desenvolvedores começaram a construir seus projetos de software, por uma questão de economia de espaço registraram os anos com apenas dois dígitos. Ocorre que, com a virada do século, "1920" e "2020" seriam registrados da mesma forma, apenas como "20". As previsões eram tenebrosas, mas, no final, nada importante de fato aconteceu, além das fortunas jogadas fora em correções que se mostraram inócuas.

Acredito que o inverso da citação é também um extraordinário conceito, de forma que cunhei a seguinte frase: "A possibilidade é mais poderosa que a realização". Muitas vezes, a crença em um sonho, um acontecimento, um objetivo, pode inspirar a ponto de gerar consequências incríveis, mesmo que no final aquilo que se imaginou não se concretize. Manter a chama acessa dá forças para insistir na caminhada original e em outros aspectos da vida.

Desde o início do governo atual[14], vislumbra-se a possibilidade da privatização das empresas públicas de TI, com especial ênfase para o Serpro e para a Dataprev. O assunto é complexo e, possivelmente, não haverá ambiência política para que o movimento tenha sucesso. No entanto, deveríamos transformar o intuito, mesmo que nada aconteça, em algo muito proveitoso para o país. Essas estatais suportam extensos serviços públicos e, para tanto, lidam com informações relevantes, muitas vezes sigilosas, de pessoas e instituições.

O momento, portanto, é extremamente propício para um debate dos modelos que desejamos para o Brasil. Será que dados confidenciais dos cidadãos deveriam ser passados para empresas privadas? E se elas forem estrangeiras? Será que essas estatais deveriam prestar tantos serviços quanto prestam? Será que todos esses serviços são essenciais? Quanto as próprias estatais poderiam terceirizar, mantendo suas responsabilidades? As estatais estimulam ou inibem a indústria de software nacional?

Há ainda questionamentos sobre a contratação. Deveriam mesmo poder ser contratadas diretamente, sem licitação, para qualquer tipo de serviço? Os preços que praticam são compatíveis com o mercado? Seria mais barato contratar uma empresa privada via licitação, se fosse possível, do que as estatais diretamente? Será que poderiam participar de licitações que hoje são disputadas apenas pelas empresas privadas? Será que poderiam competir em clientes privados, considerando que possuem sustentação do poder público?

Outros temas relevantes podem ser levantados, como questões relativas ao quadro de colaboradores. Os funcionários das estatais oferecem custo-benefício compatível com o de empresas

---

[14] O artigo foi publicado em setembro de 2021, durante o governo de Jair Bolsonaro, iniciado em 1º de janeiro de 2019.

de mercado? A produtividade do corpo técnico é suficientemente boa, caso houvesse uma competição entre elas e empresas de mercado? Se a privatização ocorrer, quem arca com o passivo trabalhista?

Enfim, não há respostas rasas que possam determinar o melhor curso de ação. Faz-se necessário um debate sério e aprofundado, que vá muito além do simplismo de defender ou não a privatização. Estamos tratando de serviços por vezes vitais e informações sensíveis. Precisamos aprender a dialogar, pensando em quais modelos queremos para o futuro, com uma visão de Estado, e não com uma defesa pequena de um ou outro governo.

Por convicção própria, formada ao longo dos anos que empreendo e represento o setor de tecnologia da informação local e nacionalmente, sou favorável ao princípio da privatização. Prefiro um Estado mais leve, sem defender a ingenuidade de "Estado Mínimo". No entanto, não gostaria, por exemplo, de ter o sistema de compras públicas sob a responsabilidade integral de uma empresa privada, muito menos qualquer sistema de segurança nacional nas mãos de uma empresa estrangeira.

O QUE O SARS-COV-2, O IFOOD E AS FAKE NEWS TÊM EM COMUM?

"A ignorância gera mais frequentemente confiança do que o conhecimento: são os que sabem pouco, e não aqueles que sabem muito, que afirmam de uma forma tão categórica que este ou aquele problema nunca será resolvido pela ciência."

Charles Darwin

Sempre que escrevo sobre a COVID-19 sinto-me na obrigação de prestar solidariedade a cada um dos que foram alvo da doença direta ou indiretamente. Neste exato momento[15], tenho amigos, parentes de amigos e uma colaboradora internados. A eles desejo a mais plena recuperação. Assim como a maioria, perdi pessoas próximas e amadas. Gostaria de acreditar, pelo menos, que, enquanto civilização, tenhamos evoluído a patamares superiores de colaboração, solidariedade, responsabilidade e cuidado para com o próximo.

De fato, percebo alguns avanços, mas também tenho visto situações ultrajantes, como o uso da crise para corrupção, promoção política e jogos de poder. Além de situações nas quais a ignorância negacionista está superando o conhecimento científico, como no caso dos Estados Unidos. Apesar do imenso volume de dinheiro investido na compra, distribuição e montagem de uma estrutura com grande capilaridade para imunizar a população, o país ocupa o 20º lugar em um *ranking* relativo ao percentual de pessoas vacinadas – um patamar de 63,8% contra, por exemplo, 67,5% do Brasil, que ocupa o 15º lugar da mesma lista, desenvolvida em uma parceria entre informationisbeatiful, Univers Labs e NUEKER[16].

Por aqui, investimos bem menos, patinamos bastante no início, mas, felizmente, a atuação dos órgãos federais e as gestões estaduais e municipais melhoraram, além do relevantíssimo fator do comportamento da população, que está consciente e colaborando. É louvável também mencionar o desempenho de movimentos voluntários individuais e corporativos, como o "Unidos pela Vacina", liderado pela Luiza Helena Trajano. O resultado é que temos diminuído mais o número de mortes diárias do que a

---

[15] O artigo foi publicado em setembro de 2021, mês em que o país registrou mais de 16 mil óbitos por covid. Apesar do grande número de vítimas, a redução de mortes pela doença no Brasil havia sido de 80% em comparação com o mês de abril, reflexo da vacinação. Fonte: Ministério da Saúde, disponível em: https://www.gov.br/saude/pt-br/assuntos/noticias/2021-1/outubro/reflexos-da-vacinacao-setembro-e-o-mes-com-o-menor-numero-de-obitos-por-covid-19-em-2021-1.

[16] "Covid-19 Coronavirus Data Dashboard", disponível em: https://informationisbeautiful.net/visualizations/covid-19-coronavirus-infographic-datapack/.

poderosa nação norte-americana, assim como temos tido patamares inferiores de novos infectados.

Uma preocupação presente advém das novas cepas do vírus sars-cov-2, até porque não necessariamente a eficácia das vacinas é mantida quando ocorrem mutações. É importante compreender, no entanto, que a tendência do vírus é se transformar para ser mais contagioso e menos letal. Os seres vivos possuem como premissa elementar a perpetuação da espécie. Segundo a teoria de Darwin, os organismos mais bem-adaptados prevalecem. Ao pensarmos nas mutações sofridas pelo patógeno da COVID-19, é razoavelmente claro concluir que variações mais mortíferas têm possibilidades menores de se perpetuar do que aquelas que mantêm o hospedeiro vivo e apto a contagiar outros.

O "melhor" vírus, considerando a perspectiva do próprio, não é, portanto, aquele que se reproduz mais rapidamente e com alto poder de infecção. A eficiência não é sinônimo de sobrevivência. A seleção natural, no caso, prestigia uma taxa "correta" de reprodução, na qual seja viável manter o paciente vivo a ponto de ele transmitir o agente da doença para o maior número possível de outros indivíduos.

Essa é uma lição com origem biológica, mas pode ser extrapolada para diversas áreas. No caso do comércio eletrônico, o iFood está fazendo justamente o que fazem os vírus mais letais. Com grande sede de lucro, tem cobrado taxas altíssimas dos restaurantes, colocado os profissionais de entrega em situações limítrofes e criado um cenário no qual os estabelecimentos se transformaram em reféns.

O negócio continua prosperando porque é altamente conveniente para o consumidor, que não faz ideia do que se passa nos bastidores. Simplesmente consegue ter a comida que quer em casa, a preços atrativos, com acesso a diversas promoções, novidades e variedades.

Os comerciantes do setor de alimentação, no entanto, estão em busca de alternativas. Caso a empresa não perceba que está matando seus "hospedeiros", em breve será superada por outra concorrente menos "eficiente".

A proliferação de fake news segue uma lógica semelhante. Na guerra das comunicações, especialmente em um quadro de polarização extrema que se delineia no contexto das eleições, os criadores e seguidores de "notícias" estão ficando cada vez mais radicais. Ocorre que, quando a informação chega de forma muito parcial – na ideia de quem a projetou, muito eficiente na defesa dos seus próprios interesses –, ela não é mais consumida por aqueles que não fazem parte dos apoiadores incondicionais. Com isso, a propaganda "mata" (exclui) muitos leitores que não a propagam porque compreendem sua tendenciosidade. Isso provoca a diminuição do alcance desejado do marketing e segmenta os grupos de relacionamento, virtuais e presenciais.

As mutações virais são fruto do acaso, e a definição daquelas que irão prosperar ocorre por seleção natural do meio ambiente. Uma empresa, um software ou uma fake news podem ter mais ou menos sucesso em função do seu desempenho no meio onde se desenvolvem, quase como em uma seleção natural. Mas modificações no comportamento humano, seja no âmbito estritamente pessoal, seja quando extrapolam para as organizações, dependem de ações deliberadas. Dessa forma, insisto em um pedido que tenho feito rotineiramente, para que cada um de nós seja mais consciente, equilibrado e respeitoso para com o próximo neste cenário tão complexo no qual que vivemos.

TECH SKILLS E SOFT SKILLS

> *"Viva como se fosse morrer amanhã. Aprenda como se fosse viver para sempre."*
>
> Mahatma Gandhi

Fui agraciado com o convite do competente professor Ulisses Sampaio – com quem tive o privilégio de trabalhar quando ele desenvolveu um brilhante papel de liderança em projetos na minha empresa – para um bate-papo promovido pelo Ibmec – Instituto Brasileiro de Mercado de Capitais sobre o tema do título deste artigo. A renomada instituição de ensino está inaugurando cursos de pós-graduação no setor de tecnologia da informação (TI), e tanto a iniciativa quanto o debate chegam em momento muito apropriado.

Houve um aquecimento significativo na demanda de transformação digital a partir da deflagração da pandemia. A necessidade de as pessoas realizarem muitas de suas atividades em casa, de forma remota, acelerou a construção de uma enormidade de serviços digitais, motivo pelo qual os profissionais de TI estão em um momento de alta em suas carreiras.

Evidentemente, quem está de fora deve ficar tentado a entrar neste mercado tão promissor, o que tem levado a um grande número de iniciativas de qualificação profissional. Por outro lado, quem já é técnico do setor quer galgar novos degraus, seja em relação aos desafios, seja pelos salários, que atingiram picos nunca vistos.

Há vagas disponíveis nas empresas de tecnologia, nas empresas de varejo, nos bancos, em empresas internacionais, uma vez que a presença física não é mais questão determinante, e em todo o setor, que se modernizou mais rapidamente do que o esperado nesse período. Apenas para se ter uma ideia da aceleração, segundo o estudo "Mercado Brasileiro de Software – Panorama e Tendências 2021", realizado pela Associação Brasileiras das Empresas de Software (ABES), com dados da consultoria IDC, o crescimento em 2020 chegou ao patamar de 22,9%, o que corresponde a um montante de 200 bilhões de reais de investimento.

Decorre desse cenário a pertinência sobre quais habilidades devem ser desenvolvidas, quais são as mais importantes para aqueles que contratam, e quais levam ao sucesso e à realização profissional. Sobre as tech skills, habilidades hard do mundo tecnológico, é um bom exercício compreender quais são as tendências que estão dominando o mercado.

Sem a intenção de ser exaustivo, acredito que os profissionais devem observar as disciplinas que estão relacionadas com grande massa de dados (*Big Data, Analytics, Data Science*), com Inteligência Artificial (*Machine Learning*, redes neurais, reconhecimento de padrões) e com automações de processos (RPA, BPA). Não se pode deixar de dar atenção também à construção de novos sistemas e aplicativos, bem como à integração de plataformas, mas, se eu estivesse começando minha carreira, ficaria em uma das correntes do primeiro bloco. Para mim, são as grandes tendências do mercado.

Observe-se que, do conjunto sugerido, temos níveis diferentes de formação e de tempo de preparação. Por exemplo, tenho certeza de que determinadas habilidades envolvidas com RPA (do inglês *Robotic Process Automation*) podem ser adquiridas muito mais rapidamente do que as relacionais à *Data Science* ou a redes neurais.

Existe um número imenso de oportunidades para melhorar a vida das organizações "robotizando" tarefas manuais repetitivas. Ou seja, se você possui uma formação básica em tecnologia e quer vir e permanecer no setor, nunca pode esquecer o básico: lógica de programação, capacidade de compreender estruturas simples de dados, segurança e comunicação, SQL – Structured Query Language (Linguagem de Consulta Estruturada), compreensão de camadas de aplicações, incluindo a web, conhecimento e utilização de repositórios de código, dentre outros. Além disso, se quer aumentar rapidamente sua remuneração, esse é um belo caminho.

Pelo lado soft, algumas habilidades nunca deixam de ser importantes, como a capacidade de trabalhar em equipe, bom relacionamento interpessoal, compromisso com a qualidade e a entrega. No entanto, o momento atual se distingue pelo dinamismo. As demandas dos clientes estão enormes e num tom de urgência raramente visto. As metodologias ágeis predominam, e a rotatividade de profissionais está gigante, pois antes mesmo de um técnico sentar-se em sua cadeira já recebe uma proposta de salário maior e muitas vezes sai antes de ter realmente entrado.

Nesse contexto, é preciso construir relações mais rapidamente, o que torna a empatia, a capacidade de ouvir e o autocontrole para evitar explosões emocionais fundamentais para o profissional de tecnologia, inclusive para técnicos e gerentes. No campo da liderança, há algo mais importante do que nunca: a capacidade de engajar pelo propósito. A equipe precisa sentir-se parte de algo maior, estar feliz com o desafio e perceber-se integrante de uma missão, que, quanto mais nobre, mais socialmente correta e mais significativa, melhor.

Antes de ir-me embora sem provocações instigantes, o tema, somado a uma passagem da série *Salvation*, fez-me lembrar de algo que traz um belo debate. Em um dos episódios do mencionado seriado, um dos protagonistas percebe que está em risco de perder sua namorada. Instintivamente, começa a fazer algumas perguntas de cunho pessoal e emocional para a TESS, que é um software de IA. O programa avisa que não tem parâmetros para responder aos questionamentos; no entanto, em um momento adiante, TESS agradece por um elogio recebido.

Quanto mais as aplicações de IA avançam, maior a chance de se comportarem de forma parecida com as pessoas. A lembrança que tive foi de uma personagem criada por Isaac Asimov, chamada Susan Calvin, cuja profissão era a de "robopsicóloga", em terminologia atual, psicóloga dos softwares de IA. Sendo assim, pergunto ao querido leitor: a interação humana com a Inteligência Artificial é soft ou tech skill?

QUEM MEXEU NO MEU PORTA-RETRATOS?

"Perceber pequenas mudanças com antecedência ajuda você a se adaptar às mudanças maiores que estão por vir."

Spencer Johnson, autor de Quem mexeu no meu queijo?

Tenho muitos amigos que adoram viajar de carro. Apreciam a paisagem, gostam da flexibilidade de poder parar a hora que quiserem, de chegar ao destino e ter um veículo a seu dispor. Não é o meu caso; prefiro pegar um avião. Dentre os apaixonados por essas aventuras, há algumas anedotas sobre o trajeto. Particularmente, associei uma delas a algo ocorrido em um dos grupos de WhatsApp de uma das empresas na qual sou sócio.

Por partes: quando atravessam uma cidade muito pequena, os motoristas certas vezes mencionam o fato de, após passar pela placa de "Boas-Vindas", se você olhar para trás vai observar que no verso da placa estará escrito "Volte Sempre". Pois bem, um colaborador, logo após ter recebido as boas-vindas no grupo de WhatsApp da empresa, utilizou o mesmo recurso para se despedir e dizer que estava indo para novos desafios. O mercado de profissionais de tecnologia está tão aquecido que, logo após aceitar um emprego, o sujeito já recebe novas e maiores propostas.

O momento é desafiador. Temos um aumento incrível de demanda por serviços de tecnologia; restrições de mobilidade, as quais, em seus momentos mais severos, fizeram com que as empresas repensassem seus espaços físicos de trabalho; um déficit absurdo de profissionais qualificados, o que gera um verdadeiro leilão progressivo dos salários daqueles que se interessam por mudar de emprego constantemente.

Apenas para se ter uma ideia, em contrataste com os quase 15 milhões de desempregados que temos[17] no país, haverá 408 mil vagas em aberto até 2022 para profissionais de TI, segundo uma pesquisa feita pela Assespro-PR[18]. Atualmente, já estamos vivendo um *turnover* avassalador. Pior, a carência está "promovendo" artificialmente a experiência dos profissionais. Não existem mais estagiários; já começam como *trainees*, que, num passe de mágica, se tornam profissionais plenos, os quais, por sua vez, sem nada terem feito, transformam-se em sêniores. Os sêniores reais estão sendo pagos a peso de ouro e, caso falem inglês, a peso de dólar.

---

[17] O artigo foi publicado em 14/09/2021.

[18] "Setor de TI terá déficit de 408 mil profissionais até 2022", disponível em: https://assespropr.org.br/setor-de-ti-tera-deficit-de-408-mil-profissionais-a-te-2022/.

Não raro, técnicos têm recebido propostas tão boas ou melhores do que executivos da média gerência de outras áreas.

A retenção de talentos, tema sempre relevante, passou a ocupar definitivamente as agendas dos CEOs, tanto das empresas do ramo quanto das corporações consumidoras de TI. A internalização dos serviços de tecnologia, que era comum em empresas do ramo financeiro, começou a ocorrer em outros mercados. Grupos econômicos maiores estão comprando empresas especializadas para garantir suporte a suas atividades ou para promover a inovação, como é o caso do Magazine Luíza, do Boticário e da TIVIT, dentre outros.

A estratégia de *home office*, mandatória pela restrição de aglomerações em razão da pandemia, já apresentou virtudes e defeitos. Diferentes instituições estão tomando providências diversas com o retorno gradativo das atividades. Aparentemente, um modelo misto está sendo a panaceia do momento, com dois dias no escritório e três em casa. As instalações físicas estão sofrendo mutações, diminuindo o espaço total, abolindo salas particulares, criando mais espaços compartilhados, mais salas de reunião, sem locais fixos para cada colaborador. Empresas tradicionais começam a se assemelhar a *startups* instaladas em locais de *coworking*.

Muitos aspectos precisam ser considerados nessa mudança. As pessoas dispendem a maior parte do tempo no trabalho. Antes da pandemia, saíamos de casa e chegávamos a um local que deveria ter a máxima preocupação em nos acolher adequadamente. Tradicionalmente, isso incluía um "cantinho" próprio, onde se colocavam os pertences pessoais e as fotos da família. Qual o efeito de não haver mais porta-retratos no espaço agora comunitário, frequentado por todos? Quais as consequências de, a cada dia, as pessoas se instalarem em uma mesa diferente, rodeadas por colegas diferentes? Será que, como nas salas de aula de quando éramos crianças, vamos começar a criar grupinhos? Iremos reservar o lugar ao lado para aquele amigo que ainda não chegou? Somente o tempo poderá dizer.

Particularmente, acredito que as fotos da família, aquele vasinho de planta e os detalhes que cada um imprime ao seu ambiente fazem uma grande diferença na identificação do indivíduo com o seu local de trabalho. Penso, também, que a hora do "cafezinho", as trocas informais de corredor, as dúvidas tiradas rapidamente pela proximidade aumentam a produtividade. A formalidade do *home office*, onde para falar com o outro você tem que marcar um horário, agride nossa cultura e atrapalha a solução de inúmeras questões.

Para os profissionais de TI, nunca tão assediados como agora, faço lembrar que salário não é tudo. Realização profissional, crescimento, bem-estar, bons companheiros, propósito pessoal e corporativo são muito mais importantes. Trocar de emprego para cada oferta recebida pode parecer tentador, mas, no longo prazo, não fará bem para a maioria que escolher tal caminho.

Para as empresas, alerto que os modelos ainda não estão testados, não estão maduros, não há certezas. É preciso experimentar rápido, avaliar, rever e corrigir os rumos. O mais importante: em mares turbulentos, os princípios corporativos devem ser o principal farol.

A LEMBRANÇA DO QUE ESQUECI

"Nenhum homem tem a memória suficientemente boa para ser um mentiroso de sucesso."

Abraham Lincoln

Tenho visto livros, filmes e séries de ficção nos quais a biologia humana é melhorada por intervenções tecnológicas. Em especial, observo o crescente uso de lentes de contato, ou equivalentes, para registrar imagens, efetuar reconhecimento de padrões e de pessoas. É tentador imaginar que se possa gravar cada momento da vida e acessá-lo quando necessário.

Sob o aspecto prático, a revisão das cenas poderia aperfeiçoar nossa atuação profissional, contribuir para o aprendizado, diminuir as interpretações sobre acordos, contratos e tratados não escritos, elucidar algumas dúvidas de percepção de situações controversas e, inclusive, reprimir atos ilegais. Pelo lado emocional, poderíamos rever pessoas, lugares e acontecimentos especiais, bem como teríamos a possibilidade de comparar nossas reações, em episódios similares, ao longo de diferentes estágios da vida.

As relações humanas teriam uma perspectiva totalmente nova; a essência da sociedade seria profundamente afetada, na medida em que cada um teria a capacidade de se lembrar de forma integral de cada ocorrido. Os desafios seriam imensos, ainda que com inúmeros benefícios.

As dificuldades para se implantar massivamente um cenário como esse são, no mínimo, interessantes. Já há óculos com câmeras embutidas disponíveis no mercado e alguns projetos de lentes de contato poderosas. Mais dia menos dia, o olhar terá o potencial de gravar não apenas de maneira biológica.

O armazenamento das imagens já é outra questão. Possivelmente, os usuários devem querer manter privacidade sobre aquilo que vivenciaram, motivo pelo qual vão precisar de dispositivos seguros e portáteis. Dificilmente alguém colocará sua intimidade em risco ao compartilhá-la em nuvem, salvo os que tenham objetivos específicos ou os que sejam adeptos inveterados das redes sociais.

Apenas para se ter ideia da magnitude do que estamos falando, caso você possua um celular com capacidade de 128 GB de memória, por exemplo, um Samsung Galaxy 9, e decida efetuar gravações em HD (*high definition*) do seu dia, conseguirá armazenar pouco mais de 30 horas de vídeo antes de atingir a capacidade do seu aparelho. Quanto mais alta a resolução, mais rapidamente o espaço é consumido. Em uma gravação em 8K, você consumiria a capacidade do seu celular em apenas 3 horas. Note que o olho humano é ainda mais poderoso do que os dispositivos dos *smartphones* atuais, ou seja, o espaço utilizado para gravar o que é captado por nossos olhos será ainda maior.

Se um dia chegarmos a esse ponto, onde seja viável gravar e armazenar em vídeo cada detalhe do que se passa conosco, iremos nos confrontar com algo inusitado. Seremos tentados a imaginar que algumas gravações estão incorretas, porque estarão diferentes daquilo de que nos lembramos biologicamente. Ao contrário do que se imagina, nossa memória não registra os fatos tal qual as câmeras. Talvez, inclusive, por uma questão de capacidade de armazenamento.

Somos razoavelmente bons para registrar coisas relevantes e, em geral, não tão bons para os detalhes. No entanto, quando somos requisitados a reconstituir um acontecimento, simplesmente não nos contentamos em reproduzir o quadro incompleto do qual realmente nos lembramos, vamos acrescentando e completando aquilo que falta de acordo com nossa imaginação, vontade, coerência ou conveniência.

Um dos maiores escândalos americanos, conhecido como Caso Watergate, ocorreu durante a campanha eleitoral para a presidência dos Estados Unidos de 1972, na qual Richard Nixon foi reeleito. Em suma, a sede do Partido Democrata, opositor a Nixon, fora invadida para obtenção de informação e implantação de escutas. O governo, após eleito, tentou ocultar o fato, mas não teve sucesso, levando à renúncia do presidente em 1974.

Um dos conselheiros de Nixon na Casa Branca, John Dean, envolvido na tentativa de acobertar o ocorrido, tinha a reputação de contar com uma excelente memória. Chegara a ser apelidado de "gravador humano". Seus depoimentos no Senado foram ricos e repletos de detalhes, com a lembrança precisa das falas e dos interlocutores. Enfim, pelo menos era o que se pensava até a descoberta de uma precaução do presidente. Nixon gravava secretamente as conversas. Tal história é contada no livro *Subliminar*, do excelente Leonard Mlodinow, que escreveu sobre o caso:

> O psicólogo Ulric Neisser fez a verificação. Pacientemente, comparou o testemunho de Dean com as verdadeiras transcrições e catalogou suas descobertas. Acontece que John Dean estava mais para romancista histórico do que para gravador humano. Não acertou quase nada das recordações das conversas. Aliás, nem chegou perto.

Evidentemente, como o testemunho pretendia não incriminar o próprio autor, pode-se argumentar que esse fator tenha causado as distorções. Ocorre que há diversas passagens cujo teor não era incriminatório. Eram aspectos secundários ou de contexto, nos quais não havia razões para mentir, inventar ou distorcer. Mesmo nesses pontos específicos, nosso personagem em nada acertou.

Recomendo fortemente a leitura do livro, por várias passagens interessantes, em particular, no caso atual, o Capítulo 3 – Lembrança e Esquecimento. Por fim, tenha em mente que, quando você se lembra, pode estar se recordando apenas de uma parte dos fatos e completando a outra. Ou seja, efetuando uma construção do pedaço da lembrança que você esqueceu.

VYGOTSKY E O METAVERSO

"A questão não é se somos capazes de mudar, mas se estamos mudando rápido o suficiente."

Angela Merkel

Antes de obter meu bacharelado em matemática, concluí o curso de licenciatura na mesma disciplina. Em função dessa escolha, tive a possibilidade de percorrer algumas disciplinas dos departamentos de psicologia e de pedagogia. Essa já fora uma experiência notável, diferente do meu cotidiano, cuja tônica era focada naquilo que era exato. As teorias matemáticas são sólidas, demonstráveis, constantes e, mesmo aos olhos daqueles com mais desenvoltura, muitas vezes extremamente complexas.

O mundo da psicologia e da pedagogia é completamente distinto: a complexidade advém da natureza humana, mas os conceitos são mais fluidos, qualitativos, por vezes quase experimentais. Não há como provar que qualquer teoria realmente funcione ou refutar uma outra qualquer. A observação é uma arma poderosa, assim como a análise de testes, muito bem-elaborados. Porém, mesmo com tais elementos, nada pode garantir que uma teoria seja absoluta, como conseguimos fazer com as fórmulas e equações.

Dessa época, lembro-me bem de duas figuras que, durante muito tempo, foram meus psicólogos favoritos – Piaget e Vygotsky –, os quais, a propósito, tinham alguns conceitos que conflitavam entre si. O primeiro é o maior expoente do construtivismo; no entanto, seu alcance vai muito além. Por exemplo, o conceito de esquema tem um alcance bastante amplo, influenciando, inclusive, o desenvolvimento da neurolinguística, embora eu nunca tenha visto nenhum teórico defender essa ideia. O segundo, por sua vez, acreditava no poder das interações sociais como fator para o desenvolvimento cognitivo. Ele criou o conceito de zona de desenvolvimento proximal – ZDP, no qual defende a ideia de que a criança é capaz de realizar sozinha determinadas atividades, enquanto outras necessitam da ajuda de colegas ou de um professor. Justamente essas atividades, realizadas com apoio de um terceiro, caracterizam a zona de aprendizado potencial ou, conforme o termo cunhado, ZDP.

O aspecto mais comentado da tese sempre foi a diferença entre aquilo que já é de domínio do indivíduo e qual seria o espaço potencial. Para mim, o mais importante sempre foi compreender que é necessário cuidar das bases, dos requisitos necessários para o próximo passo. Não é possível, por exemplo, aprender de fato a multiplicar números sem que se tenha consolidado os conceitos de somar. Quando se avança para o mais complexo sem que o mais simples esteja assimilado, a ZDP é desrespeitada e, então, a assimilação do novo não ocorre adequadamente.

Esse foi um dos fatores que não permitiu que as primeiras tentativas do metaverso decolassem. Para quem não é familiarizado com o termo, ele tem sido usado como um sucessor da internet. Para mim, o que melhor caracteriza o conceito é a forma de interação do usuário com a rede. No metaverso, ela é feita por meio de avatares. A palavra "avatar" vem do hinduísmo, sendo utilizada para a materialização de um ser imortal e poderoso na Terra. Quando se trata da internet, é a personificação virtual do usuário, sua autoimagem na rede.

A primeira tentativa global da introdução da ideia foi feita em 2003 por intermédio do Second Life – um universo virtual em 3D. Várias empresas fizeram investimentos milionários para colocar seus negócios nesse mundo novo, porém as tentativas foram fracassadas. As bases ainda não estavam construídas; a ZPD foi desrespeitada. Evidentemente, esse não foi o único problema. Havia questões de velocidade de conexão e de dispositivos de imersão mais adequados, como óculos de realidade virtual.

Em 2020, em decorrência da pandemia, o projeto do Second Life ganhou alguma sobrevida, mas ainda não será a plataforma que atrairá milhões de usuários para o metaverso. Essa disputa deve ser travada pelas redes sociais – um dos requisitos de interação essencial para que não se ultrapasse a ZDP. Nesse caso, o Facebook saiu na frente e já fez o anúncio[19] que irá revolucionar suas plataformas em cinco anos e, com isso, assumir a liderança da nova internet.

Um elemento essencial para o sucesso de iniciativas dessa natureza é o compartilhamento dos sentidos. O universo virtual será tanto melhor quanto maior o nível de sensores e dispositivos capazes de transmitir as sensações do avatar para o ser humano que o comanda. Nas prioridades estarão a visão e a audição. Portanto, reuniões entre avatares serão comuns rapidamente. Em

---

19 O artigo foi publicado em 5/10/2021, quando o Facebook anunciou o investimento de US$ 50 milhões para construir 'metaverso'. Disponível em: https://forbes.com.br/forbes-money/2021/09/facebook-investe-us-50-milhoes-para-construir-metaverso/.

seguida, provavelmente, virão as questões do olfato (para quem acha isso distante, vá aos parques da Disney) e do tato. A propósito, o tato se constituirá no grande divisor de águas. Quando o avatar puder transmitir as sensações de contato, teremos uma adesão predominante da maioria da população, limitada apenas pelo preço dos aparatos.

A mudança para esse novo mundo requereria não apenas o investimento das *big techs*, mas um profundo debate que envolvesse psicólogos, pedagogos, filósofos e sociólogos. A propósito, meus citados prediletos, Piaget e Vygotsky, perderam sua posição mais alta no meu pódio apenas quando um determinado psicólogo resolveu se destacar a ponto de ganhar um Prêmio Nobel de economia. Em vez de estudar o desenvolvimento humano, Kahneman dedicou-se a compreender como a ciência cognitiva explica as decisões que tomamos, em particular na área econômica e de riscos.

Se já tivéssemos clones virtuais[20], não haveria momento mais adequado para colocar esses gigantes para debater sobre o metaverso e suas consequências na sociedade. Evidentemente, Bauman, com suas teorias sobre a sociedade líquida, não poderia ficar de fora. Como não temos a possibilidade de assistir a uma reflexão como essa, o melhor que podemos fazer é nos prepararmos para a avalanche virtual que vai nos encontrar e que está chegando em aceleração exponencial.

[20] Em seu primeiro livro, "O futuro é analógico", o autor publicou um artigo sobre o tema – "Realidade virtual e clone digital" – em coautoria com Glória Guimarães.

ASSIM NÃO DÁ, NÉ, FACEBOOK?!

"Assim como o mentiroso está condenado a não ser acreditado quando diz a verdade, é privilégio de quem goza de boa reputação ser acreditado mesmo quando mente."

Miguel de Cervantes

Quando estive à frente da Federação Assespro, dois temas relevantes foram levados pela entidade ao Supremo Tribunal Federal (STF). O primeiro, mais midiático, foi relacionado aos bloqueios do WhatsApp. Juízes da primeira instância, em função da impossibilidade do aplicativo de revelar conversas particulares, estavam argumentando – e tomaram decisões nesse sentido – que a *big tech* estava desobedecendo ordens judiciais e, como penalidade, interromperam por mais de uma vez o aplicativo no Brasil.

O tema já havia chegado ao Supremo por outras ações – em especial uma impetrada pelo então Partido Popular Socialista (PPS) –, mas, diante do risco iminente de prejuízo para os usuários, aqueles que foram os realmente punidos pelas decisões judiciais, ingressamos no processo utilizando um dispositivo chamado *amicus curiae*, por meio do qual pudemos nos manifestar e ter papel decisivo no posicionamento do então presidente do STF, Ricardo Lewandowski. O magistrado, tanto quanto nós, compreendeu que a medida era desproporcional e prejudicava milhões de usuários, inclusive o próprio judiciário, que naquele momento já se utilizava, do aplicativo para notificações e intimações. Desde então, nenhuma plataforma de mensageria instantânea foi bloqueada pela justiça.

O segundo tema levado por nós ao STF, dessa vez como principais protagonistas, é bem mais complexo. Trata-se de como e quando as redes sociais e demais softwares que possuem informações relevantes devem oferecer dados para a justiça, em especial para a solução de crimes. Algumas questões estão pacificadas, como a disponibilização dos metadados (horário e de onde foram feitas as postagens, por exemplo). Quanto ao conteúdo, quando se trata de transgressões graves, como sequestros e pedofilia, também não há divergências. Nessas situações, as empresas prestam as informações prontamente. Já outros casos são mais controversos. Em crimes menores, a legislação dos países envolvidos possui particularidades, e em geral a empresa de software se coloca em um dilema insolúvel: a justiça daqui pune se a empresa não disponibilizar o dado, e a de lá pune se o dado for disponibilizado.

Para resolver o impasse, há um acordo bilateral chamado MLAT (*Mutual Legal Assistance Treaty*), o qual, infelizmente, não vem sendo seguido pelos juízes de primeira instância, apesar de ter sido aprovado por todos os mecanismos disponíveis no direito e na legislação brasileira. Esse foi justamente o ponto da ação direta de constitucionalidade impetrada pela Assespro.

A longa introdução feita até aqui tem por objetivo deixar claro que não tenho, particularmente, nenhum preconceito ou desavença com o Facebook, que, afinal, foi um dos principais beneficiários das ações que discutimos no Supremo. Na condição de representante setorial, minha tendência natural sempre foi, e continua sendo, a defesa das empresas do setor, sejam elas nacionais ou estrangeiras. No entanto, não é possível fazer silêncio quando elas, em especial as maiores, mais relevantes e influentes, fazem besteira, o que, a propósito, o Facebook está fazendo reiteradamente.

Apenas para tratar do mais grave, comecemos pelo vazamento dos dados de 50 milhões de usuários que foram utilizados pela empresa Cambridge Analytica para propaganda política. É possível que os rumos da eleição americana de 2016 tenham se modificado por esse crime, bem como o posicionamento inglês referente ao Brexit. Grande bobagem, Facebook!

Há poucos dias[21], tanto o Facebook quanto o Instagram e o WhatsApp saíram simultânea e globalmente do ar por mais de oito horas. Ora, para quem pretende se transformar no maior ator do metaverso e já atualmente está posicionado como enorme plataforma de negócios, um *crash* dessa natureza é inaceitável. Certamente, múltiplos erros ocorreram. Porém, quem é do mundo da tecnologia sabe que é possível ter ambientes de contingência capazes de manter o serviço ativo quando há um problema em um dos *datacenters*. Por alguma razão, ou o Facebook não investiu nisso ou, se o fez, cometeu um grave erro de avaliação técnica.

Mais inacreditável, ainda, é imaginar que as estruturas dos três aplicativos estejam intrincadas ao ponto de serem dependentes umas das outras. Não é nem um pouco razoável condicionar o funcionamento estável de uma plataforma à outra. Em resumo, a arquitetura projetada deveria manter os aplicativos de forma independente para que impactos de uma interrupção não afetassem

---

[21] O artigo foi publicado em 13/10/2021, poucos dias após as redes terem ficado fora do ar. "WhatsApp, Facebook e Instagram: 4 efeitos da pane global", disponível em: https://www.bbc.com/portuguese/salasocial-58797380.

ao mesmo tempo os três serviços. Erro severo na construção da infraestrutura, inadmissível!

De forma praticamente paralela, outra polêmica veio à tona recentemente. Frances Haugen, ex-colaboradora da gigante corporação, tornou públicas severas acusações que estão deixando muita gente de cabelo em pé. Nas próprias palavras da autora:

> Eu já conhecia um monte de redes sociais e era substancialmente pior no Facebook do que em qualquer outra que eu tivesse conhecido antes. [...] O Facebook, repetidamente, mostrou que prefere o lucro à segurança. [...]Havia conflito entre o que era bom para o público e o que era bom para o Facebook, e o Facebook escolheu várias vezes otimizar para seus próprios interesses – como ganhar mais dinheiro.

O caso foi parar no Congresso americano, e imagino que os parlamentares tenham um imenso trabalho pela frente.

Eu já havia mencionado, anteriormente, em outro artigo, o problema dos algoritmos das redes sociais, cujo objetivo único é manter o usuário conectado por mais tempo. Se a qualidade do conteúdo é ruim ou boa, tanto faz. Se os *posts* estão pregando o amor ou disseminando o ódio, tanto faz. Se os usuários estão ou não tendo problemas psicológicos, tanto faz. Desde que se mantenham conectados. E é justamente esse problema que ganhou dimensão e voz nas palavras de Haugen.

O Facebook é um titã do mundo atual. Uma das maiores corporações globais, com impacto em bilhões de pessoas. Está na hora de compreender que deve haver um propósito muito maior do que apenas ganhar dinheiro. Empresas dessa magnitude deveriam ter um real compromisso com a melhoria da sociedade. Enquanto humanidade, não podemos permitir que isso continue como está; afinal, assim não dá, né, Facebook?!

PANEM ET CIRCENSES

"Mas as pessoas na sala de jantar são ocupadas em nascer e morrer."

Da música *Panis et circensis*, de Caetano Veloso e Gilberto Gil

Aparentemente, o princípio da ação e reação, preconizado pela terceira lei de Newton, funciona tão bem para forças quanto para ideias. Tenho feito inúmeras provocações sobre o futuro, as relações humanas e o avanço da tecnologia, motivo pelo qual tenho sido provocado a falar mais e mais sobre esses temas.

Nesse contexto, tive o privilégio de participar do Innovation Tech Knowledge – ITK 2021 Digital, promovido pela Softsul. Ministrei a palestra de encerramento do evento a convite do presidente da entidade, meu amigo José Antonio Antonioni, que me fez uma bateria de perguntas instigantes a respeito de ideias sobre as quais tenho escrito. A dose se repetiu dias depois com o jornalista Silvio Luiz Belbute no programa *ITK TV News*, onde também foi entrevistado o futurista e amigo Gilberto Lima.

A inteligência e perspicácia dos meus inquiridores colocaram uma pitada adicional de tempero nas conversas, permitindo o surgimento de intrigantes ramificações de possibilidades e trazendo um aprendizado mútuo. Como tenho dito constantemente, adivinhar o futuro é algo bastante difícil, e por isso é importante detectar tendências e construir hipóteses viáveis. Debater com base nessa premissa tem o potencial de gerar ganhos, mesmo que o porvir pretendido não venha a ocorrer conforme o imaginado.

Particularmente, a questão do metaverso ganhou um tom desafiador durante o ITK. É natural que se questione se a vida nesse novo universo será de fato uma vida, ou apenas uma fantasia, uma ilusão vazia. Saber o que vai efetivamente ocorrer nessa nova realidade, medir os impactos pessoais e na sociedade, não é algo trivial. Por essa razão, apresentei um posicionamento considerando elementos de um cenário factível, que passo a enunciar antes de responder à questão em si. Trata-se de um futuro possível, viável, mas que não tem a obrigação de se realizar.

O primeiro aspecto relevante é o da produção – incluindo aqui energia, alimentos e bens de toda natureza. A automatização já avança hoje em diversos setores, em especial nas tarefas repetitivas. Em 2020, a China anunciou um aumento de 19,1% na construção de robôs industriais. Movimento similar ocorre nos Estados Unidos onde empresas do Vale do Silício estão estruturando estratégias para que robôs cheguem a fábricas de pequeno e médio porte por meio de aluguel. Uma reportagem feita pela

CNN[22] trata de um exemplo dessa prática, onde a empresa Polar Hardware Manufacturing paga menos de 10 dólares a hora por um braço mecânico, sendo que o custo de um empregado humano seria o dobro.

A continuidade da tendência possui o potencial de reduzir a quantidade de pessoas empregadas nesses e em outros setores. Os drones podem extinguir entregadores humanos, os carros automáticos podem gerar uma dispensa generalizada de motoristas, assim como o avanço da Inteligência Artificial pode substituir programadores de software, além de outras profissões de cunho intelectual. Enfim, um cenário de desemprego de uma parcela significativa da população mundial.

Introduzindo um segundo fator, há que considerar uma perspectiva histórica. Para as classes dominantes, uma grande população de indivíduos marginalizadas é sempre um risco. Uma insatisfação canalizada por muitos pode levar à revolta, desordem e ruptura do *status quo*. Foi assim que nasceu a política do pão e circo (*panem et circenses*) em Roma. Com a ascensão do Império, o enriquecimento e o crescimento da cidade provocaram uma migração natural de pessoas de todas as classes sociais para a metrópole. As mariposas voando na direção da luz. Para apaziguar a população e afastar o pensamento crítico dos problemas estruturais do sistema, os imperadores distribuíam gratuitamente alimentos (pão e trigo), além de promover espetáculos de livre acesso. Quem quer tratar de política ou desigualdades sociais quando está saciado e se divertindo para valer?

Pensadores do mundo inteiro têm debatido sobre o conceito de renda mínima universal, um pagamento dado a cada cidadão, independentemente de qualquer condição específica ou ato relacionado vinculante. Evidentemente a ideia tem méritos e poder vir a ser adotada, mas é preciso refletir sobre a combinação dela com a expansão do metaverso, perfeitamente possível com a ampliação da conectividade e com a popularização de dispositivos de interface, como óculos 3D.

---

22 "Vale do Silício incentiva uso de robôs como mão de obra em fábricas dos EUA", disponível em: https://www.cnnbrasil.com.br/business/vale-do-silicio-incentiva-uso-de-robos-como-mao-de-obra-em-fabricas-dos-eua/.

Imagine bilhões de pessoas devidamente alimentadas, conectadas em um ambiente virtual, representadas por seus maravilhosos avatares e vivendo aventuras extraordinárias, conhecendo o mundo inteiro e muitos outros imaginários, interagindo com pessoas de diferentes idades, culturas e linguagens. A solidificação dos estratos sociais, especialmente daqueles constituídos pelos mais pobres, seria inevitável, pelo menos tratando-se do mundo real.

Por outro lado, o universo virtual oferece oportunidades incríveis e possui amplo potencial democrático. Quando a riqueza provém da produção de *commodities*, como o petróleo e demais minérios, por exemplo, a chance de alguém ascender socialmente é muito baixa. Nesses contextos, em que a barreira de entrada é muito alta e os recurso são limitados, poucos privilegiados detêm a maior parte da riqueza e normalmente a repassam a seus descendentes. Ao contrário, em uma situação na qual as ideias, a imaginação e a criatividade são valiosas, cria-se um ambiente bem mais dinâmico, cuja capacidade de oferecer desafios e prosperidade é praticamente ilimitada.

Na caminhada para um mundo mais virtual, com renda mínima universal e com a maioria da população sem emprego, várias questões filosóficas precisam ser amplamente debatidas. Será que a vida daqueles que estão dentro do metaverso, inseridos ou não na política de pão e circo, é vida? É justa? É melhor do que a atual, onde quase 1 bilhão de habitantes passam fome? Proporciona desafios que preenchem a existência, mesmo dentro de um ambiente ficcional? E se alguém estiver conectado 100% do tempo, seria escravo ou viciado virtual? Requereria intervenção do Estado? É possível gerar prosperidade, felicidade e plenitude exclusivamente digital?

A única resposta simples é que a necessidade do debate é iminente. Alguns pontos, no entanto, já se formam como convicção para mim. Por óbvio, precisamos, enquanto sociedade, encontrar caminhos para que o avanço da tecnologia beneficie a humanidade, gerando mais equidade, sendo mais inclusiva, levando saúde, educação e segurança física, alimentar e psicológica para mais pessoas. Além disso, é vital que cada indivíduo tenha escolhas. Ninguém pode ser obrigado a viver dentro ou fora do metaverso. Nenhuma empresa, organização ou governo deve ser dominante, a ponto de controlar o universo virtual. Por fim, a combinação de realidade, realidade aumentada e realidade virtual deve ser feita na medida certa para cada um, dentro da sua liberdade de opção.

SÓ SEI QUE NADA SEI

"Acima de nós, em redor de nós, as palavras voam e às vezes pousam."

Cecília Meireles

Minha filha mais nova, Camila, está empolgada, e envolvendo a família toda, com um jogo chamado Perguntados. O aplicativo já é bastante antigo – para os padrões de ciclo de vida da internet –, tendo sido lançado em 2013. Consiste, em sua essência, em oferecer perguntas de múltipla escolha sobre diversos temas, associando o desempenho do jogador a algum tipo de competição ou avanço de fases.

Os assuntos são dos mais variados, abrangendo desde importantes acontecimentos históricos até séries famosas, passando por ciências, artes, esportes, geografia, cinema, medicina, música e conhecimentos gerais. A diversão é garantida. Boas gargalhadas acontecem quando se erra em um assunto óbvio, como por exemplo quando alguém cai em uma pegadinha ou acerta uma questão por mero chute.

É uma ótima dica para o convívio de gerações, na medida em que cada membro da família pode contribuir com uma especialidade, seja ela qual for. Em minha casa, por exemplo, esperam de mim conhecimentos mais acadêmicos, em especial das ciências exatas, e sobre filmes e livros de que eu gosto, como *Harry Potter*. Por outro lado, os jovens oferecem respostas corretas em temas com os quais tenho menor familiaridade, como artes plásticas. Sou surpreendido com acertos de história, ciências e geografia; alegra-me saber que, em alguma medida, os estudos deles estão sendo efetivos.

Como meus filhos, cinco no total, possuem diferenças de idade que variam entre dois e três anos, já houve fases em que algum deles se interessou pelo mesmo jogo. Ou seja, já vivi o mesmo momento, mais de uma vez, anos atrás. A diferença é que a cada vez o número de temas aumenta, refletindo a explosão de dados que estamos produzindo no mundo.

Em 2020, a plataforma Domo fez um levantamento[23] para responder à seguinte pergunta: "Qual a quantidade de dados gerada *a cada minuto*?". A resposta é avassaladora:

- O Zoom hospeda 208.333 usuários em reuniões on-line;

---

[23] "O que acontece a cada minuto na Internet? Estudo traz dados surpreendentes", disponível em: https://www.techtudo.com.br/noticias/2020/08/o-que-acontece-a-cada-minuto-na-internet-estudo-traz-dados-surpreendentes.ghtml.

- 404.444 horas de vídeo são vistas na Netflix;
- 347.222 stories são postados no Instagram;
- No YouTube, usuários fazem upload de 500 horas de vídeo;
- O Twitter ganha 319 novos usuários;
- Compradores on-line gastam 1 milhão de dólares;
- Microsoft Teams conecta 52.083 usuários;
- Usuários do Facebook compartilham 150 mil mensagens;
- Quase 70 mil pessoas oferecem seus currículos para vagas abertas no LinkedIn;
- O TikTok é instalado 2.704 vezes;
- Considerando diversas plataformas, são feitas quase 1,4 milhão de vídeo/áudio chamadas;
- Aproximadamente 140 mil clicks em propagandas ocorrem no Instagram;
- A Amazon despacha 6.659 pacotes;
- Usuários do WhatsApp compartilham 41.666.667 mensagens.

Tenho ouvido que o tempo necessário para que se dobre a quantidade de informações no mundo está diminuindo. A primeira da qual me lembro e que se fixou em minha memória, embora eu não tenha condição de garantir sua veracidade, era uma previsão de que no século XXI iríamos dobrar o total de informação a cada quatro anos. Há quem defenda que a cada dois anos isso já ocorre, e há até estimativas de que na década de 2050 levaríamos menos do que um dia para cumprir o mesmo intento.

Não é tão simples medir o fenômeno, inclusive porque a definição de informação deve ser debatida com mais profundidade. Se considerarmos que o episódio novo de uma série é informação, um post nas redes sociais é informação, a troca de mensagens é informação, então talvez as previsões acima estejam corretas. No entanto, por outro prisma, os pensadores podem estar agora sentados nas academias debatendo esse quadro e produzindo o que, eventualmente para eles, é a verdadeira informação.

Sob o ponto de vista corporativo, a solução de como lidar com essa enxurrada passa por técnicas de ciência de dados. Colher, identificar, classificar, correlacionar, extrair tendências, reconhecer padrões e traduzi-los em uma linguagem compreensível para os tomadores de decisão são os desafios dos profissionais relacionados com a disciplina de big data. Em alguma medida, com maior ou menor sucesso, muito se tem investido na área, e os avanços institucionais já estão sendo percebidos. Uma grande quantidade de novos negócios, estratégias inovadoras, relações comerciais e sociais irão derivar desse universo de dados abundantes.

Já quando se analisa a questão sob a ótica do indivíduo, que não tem um conjunto de profissionais, plataformas e técnicas para digerir enormes bases de conhecimento, a situação ganha um relevo dramático. Observo a perplexidade de várias pessoas que conheço, incluindo meus filhos, quando se deparam com uma montanha de informações sobre uma enormidade de assuntos diversos. É muito difícil para eles detectar o que realmente importa, se as narrativas são falsas ou verdadeiras, se os objetivos são os declarados ou se há um conteúdo comercial ou político escondido. É como se estivessem em uma tempestade de areia que impede a visão mesmo a um palmo do nariz.

Paradoxalmente, a geração que não nasceu digital parece possuir um senso crítico mais aprimorado para navegar nesse mundo excessivamente populado de dados. Eventualmente, conforme mencionam alguns estudos, a leitura de conteúdos mais densos e mais longos (sim, estou falando daquela coisa chamada livro!) ajuda a preparar melhor o intelecto para enfrentar os dilemas de excesso de ruído. Infelizmente, nos dias atuais, as dinâmicas são muito aceleradas. Vídeos rápidos (de preferência com mais mensagens visuais do que palavras), textos curtos e conceitos superficiais predominam.

Talvez, em breve, tenhamos plataformas para prover uma análise de dados para os indivíduos tal como é feito para as organizações. Um modelo de negócios novo onde, por um preço acessível, seria permitido ao usuário minerar, comparar, relacionar e extrair informações relevantes para ele, conforme seus próprios interesses. Até lá, o melhor que pode ser feito é um esforço consciente de leitura e estudo, inclusive para descobrir a essência do significado do título deste artigo, sua origem histórica e suas implicações filosóficas.

3% (NÃO CONTÉM SPOILER!)

"A chave para a abundância é enfrentar circunstâncias limitadas com pensamentos ilimitados."

Marianne Williamson

O título deste artigo se refere a uma série brasileira disponível na Netflix. A produção trata de um futuro distópico no qual parte da população (3%) é selecionada para viver em uma localidade chamada Maralto, onde há oportunidades plenas e abundância, enquanto os outros 97% vivem em um ambiente de restrição e miséria. Como estou apenas no segundo episódio, dificilmente darei algum spoiler que seja significativo, ainda que involuntariamente. Você pode então ler o texto sem qualquer prejuízo, mesmo que tenha a intenção de assistir ao seriado.

Até o momento gostei do que vi, uma temática instigante, bons cenários, uso de tecnologia compatível com o futuro representado, boas atuações e uma trama envolvente. Importante avisar: trata-se de uma opinião de leigo; afinal, não sou crítico de cinema, nem nada do gênero. Vale também ressaltar que apoiar produções nacionais de qualidade traz riqueza para o país, motivo pelo qual recomendo que a obra entre na sua lista.

Segundo organismos internacionais, o mundo tem hoje[24] mais de 11% da população abaixo da linha da pobreza extrema (menos de 1,90 dólares por dia). De acordo com a ONU, em 2021 o total de pobres está em torno de 1,3 bilhão de pessoas, ou seja, 16% da população. Por outro lado, o número de milionários (em dólar) representa pouco mais de 1% da totalidade, segundo o Relatório Global de Riqueza do Credit Suisse de junho de 2021[25]. O restante da população se divide entre classe baixa e média.

Mesmo sendo inaceitável tanta pobreza, privação e fome, nosso panorama atual ainda é bem melhor que o retratado na série 3%. O tema central para o debate é se vamos migrar para uma maior concentração de riquezas e a ampliação de desigualdades, ou se conseguiremos ter um mundo acima da linha da pobreza e mais igualitário. Particularmente, é relevante discutir quais serão os impactos da invasão tecnológica que estamos vivendo nessa construção de futuros possíveis.

---

[24] Dados divulgados à época da publicação do artigo (03/11/2021). Fonte: Nações Unidas, disponível em: https://unric.org/pt/eliminar-a-pobreza/.

[25] "Global Wealth Report: Riqueza global aumenta 2,6%, impulsionada por EUA e China, apesar da tensão comercial", disponível em: https://www.cshg.com.br/publico/conteudo/global_wealth_report_201910.

O pensamento de escassez, em minha opinião o principal responsável pelas mazelas mundiais, está profundamente relacionado aos bens materiais, ao paradigma do concreto, do físico. Um bolo dividido entre cinco pessoas proporcionaria um pedaço maior para cada um do que o mesmo bolo dividido entre dez pessoas. Se fossem cem, possivelmente apenas as que estivessem no começo da fila conseguiriam um pedaço, dado que a divisão equânime não proveria o suficiente para saciar as necessidades de um indivíduo. Nesse cenário, há disputas para ocupar os lugares mais privilegiados.

Há muito espaço no mundo. Auckland, na Nova Zelândia, é a melhor cidade onde se viver na face da Terra, segundo a Economist Intelligence Unit (EIU). Se considerarmos a densidade demográfica da cidade, poderíamos construir uma imensa metrópole no Brasil que comportaria todos os habitantes do planeta e ainda sobrariam mais de 2 milhões de quilômetros quadrados. Em outra comparação, se tomássemos como padrão a densidade demográfica de Macau, localizada na costa sul da China, que lidera esse *ranking*, a integralidade das pessoas poderia morar em uma megalópole que ocuparia o tamanho da Alemanha.

Ainda assim, nossa percepção está limitada e completamente influenciada por aquilo que temos ao nosso redor. Começando pelo instinto de sobrevivência e percorrendo sentimentos que chegam à mais completa avareza, a humanidade sempre foi tentada a possuir e acumular bens, os quais, por sua natureza essencial, são finitos. Ao dividir algo finito, obteremos uma quantidade cada vez menor, à medida que aumentarmos o número de pessoas participantes do processo. Então, como na situação do bolo, os indivíduos em geral brigam para estar no começo da fila e pegar um pedaço que seja bom para eles, em detrimento dos meninos que passam fome na África.

Temos uma oportunidade enorme de mudar essa realidade, uma vez que a produção de riqueza começa a se associar mais fortemente com intangíveis. As empresas mais valiosas do mundo não são mais as de petróleo, e sim as de tecnologia da informação. Nesse contexto, quanto mais gente houver produzindo e consumindo histórias, narrativas, plataformas, jogos, cenários e interfaces, tanto melhor. A diversidade de experiências é fundamental para criar um futuro no qual as pessoas estarão cada vez mais conectadas, tendo em vista que a geração de valor e consumo de ideias irá superar o de bens materiais.

Em resumo, o elemento central que provoca a escassez pode desaparecer. É claro que continuaremos sempre a depender da produção de energia e de alimentos, mas os avanços tecnológicos estão a nosso favor. Por exemplo, desde a década de 1980 até hoje, a área plantada de soja aumentou 220,87% em nosso país, enquanto a produção cresceu 501,6% segundo a Conab – Companhia Nacional de Abastecimento. Ou seja, a ampliação da produção por hectare cresce mais do que o espaço utilizado, o que significa aumento da eficiência decorrente do uso de tecnologias diversas. Isso também vale para a energia, principalmente com o avanço das fontes recicláveis. Segundo a IRENA, sigla em inglês da Agência Internacional de Energia Renovável, a capacidade instalada de energia solar e energia eólica, somadas, superou, em 2019, a das hidrelétricas.

Se conseguirmos trocar a mentalidade de escassez pela de abundância, e temos tudo para que isso ocorra com o avanço da tecnologia, haverá a possibilidade de, ao invés de viver uma sociedade distópica, com apenas 3% da população usufruindo da riqueza, vivermos em uma sociedade com 100% de pessoas em condições de dignidade.

A PRIVACIDADE EM OUTRA DIMENSÃO

"E você era a princesa que eu fiz coroar, era tão linda de se admirar, que andava nua pelo meu país."

Chico Buarque

Tive o privilégio de escrever um artigo com meu amigo e ilustre editor da página de notícias Capital Digital, Luiz Queiroz, intitulado "Quero um biscoito", cujo teor aponta algumas das fragilidades da LGPD – Lei Geral de Proteção de Dados. O texto faz parte do meu livro *O futuro é analógico* e, pelas qualidades do coautor, merece ser lido. Falar sobre o tema é sempre sensível, tanto porque a proteção dos dados pessoais é algo de extrema relevância, como também porque o assunto se transformou em uma verdadeira fonte de negócios para consultores de tecnologia, consultores jurídicos e empresas de software.

Quando fenômenos como esse ocorrem (leis que provocam receitas), há sempre os verdadeiros beneficiados – no caso atual existe uma parcela significativa da sociedade que se enquadra nessa categoria –, favorecidos que surfam na onda do momento e aqueles que se encontram reféns do movimento criado. Como cidadão, tenho o direito de que minha privacidade seja protegida; portanto, sou absolutamente favorável à necessidade de rigor dos processos, métodos e dispositivos a serem utilizados pelas grandes corporações detentoras de milhões de dados. A regulação e a fiscalização são essenciais. Por outro lado, exigir o mesmo do dono do estabelecimento da esquina, e aterrorizá-lo com as ameaças da lei, já é outra história.

A polêmica atual, entretanto, é apenas a ponta, uma pontinha, do *iceberg*. Dois fenômenos irão levar o tema a patamares muito diferentes daqueles que estamos vivendo hoje: o 5G e o metaverso.

Cabe registrar a ocorrência bem-sucedida do leilão promovido pela Anatel[26] em relação ao 5G, demonstrando que o Brasil está em um rumo sem volta para emplacar a tecnologia. Muito ainda há de ser feito, como, por exemplo, um amplo ajuste nas legislações municipais para agilizar a instalação das antenas tão

[26] O artigo foi publicado em 09.11.2021, quando ocorreu o maior leilão de radiofrequências da América Latina, consumado pelo Ministério das Comunicações e a Anatel. Saiba mais em "Leilão do 5G confirma expectativas e arrecada R$ 47,2 bilhões", disponível em: https://www.gov.br/pt-br/noticias/transito-e-transportes/2021/11/leilao-do-5g-confirma-expectativas-e-arrecada-r-47-2-bilhoes.

necessárias para o bom funcionamento da tecnologia. Mas o importante é que estamos trilhando o caminho certo.

É fundamental compreender que a tecnologia 5G, assim como suas antecessoras e sucessoras, é o fator preponderante para a mobilidade. Se pretende acessar a internet apenas pelo seu computador ligado a um cabo de rede, você não precisa dela. Evidentemente, todos queremos estar conectados onde estivermos, motivo pelo qual são tão relevantes os sinais invisíveis a olho nu que ligam nossos celulares ao mundo. Quanto mais rápidos, estáveis e abrangentes, tanto melhor.

No entanto, não são apenas nossos celulares que se movem. Em breve, as cidades do mundo, como já acontece em algumas da China, terão os céus repletos de drones, além de carros autônomos e uma infinidade de dispositivos móveis. Significa, entre outras coisas, que a captura de imagens vai crescer exponencialmente. Em resumo, sua presença em locais externos, ou mesmo dentro de ambientes fechados que tenham vista para fora, será registrada integralmente.

Sob o aspecto de segurança pública, drones providos de inteligência artificial, como nos filmes de ficção científica, vão efetuar um monitoramento muito mais efetivo em comparação aos padrões atuais, além de serem capazes de acionar alarmes para solicitar a intervenção necessária em cada caso. Parece bom sob um aspecto, mas e a privacidade? Sim, lembrando ainda que, se haverá drones públicos, também existirão os privados – autorizados e piratas.

Vamos abordar o segundo fator, o metaverso, enquanto você digere o fato de que, no futuro, sua presença na rua será gravada, querendo você ou não. Nessa nova existência, você estará inserido em um universo virtual, representado por um dos seus avatares, e relacionando-se das mais diversas maneiras possíveis. Reuniões, estudos, jogos, encontros pessoais, congressos e muito mais.

Possivelmente, se você tem participado de reuniões on-line, já deve ter sido gravado várias vezes. Pois é, o que você acredita que vai acontecer no metaverso? Seus avatares estarão em um constante *Big Brother*. Suas encarnações digitais serão gravadas pelo provedor do ambiente, pelo seu próprio dispositivo, por softwares de terceiros e pelos avatares com os quais você está se relacionando.

Em um momento inicial, com o frenesi característicos das novidades, não muita gente irá prestar atenção à exposição pessoal. Basta abrir sua rede social agora para confirmar a tese. Certamente, você vai encontrar vários amigos revelando sentimentos pessoais, momentos íntimos, encontros familiares e assim por diante.

Algum tempo depois, saturados de drones e da presença regular no mundo virtual, vamos perceber que nossa vida privada, e não apenas o CPF e o número do celular, estará completamente disponível na rede. Não se assuste, portanto, quando a mensagem da cancela de entrada do *shopping* for algo assim: "Seja bem-vinda, Fulana, a loja XYZ está com uma promoção que você vai adorar", ou "Ainda há vaga para a sessão do filme de que você mais vai gostar", ou "O Fulaninho de tal está na praça de alimentação!".

DESCONEXÃO

"Quem me dera ao menos uma vez
Que o mais simples fosse visto
Como o mais importante."
Renato Russo

Depois de uma passagem rápida há vinte anos, voltei a visitar Manaus. A cidade tem grande potencial para inovação, em função da concentração de indústrias na zona franca, de políticas que direcionam verbas para P&D (pesquisa e desenvolvimento) e da biodiversidade. Uma volta pelo Mercado Municipal é suficiente para encontrar uma enormidade de folhas, frutas, aparatos, doces e misturas oriundos da floresta, alguns completamente desconhecidos para turistas como eu.

Uma das maiores fontes de lazer da cidade são os passeios pelos rios da região. A exuberância da natureza, a imensidão das paisagens e as particularidades que cercam cada aventura são encantadoras. Avançando pelo rio Negro, cujas águas possuem coloração que faz jus ao nome, nosso grupo, constituído por amigos queridos e seus familiares, começou a se deparar com um fenômeno de intermitência nos sinais dos celulares, que culminou, quando chegamos à ilha que era nosso destino, com a ausência total de conexão dos aparelhos móveis.

Por horas, não houve WhatsApp, aplicativos ou qualquer acesso à internet. Nenhuma dúvida sobre a fauna, a flora ou de outra natureza pôde ser resolvida consultando o Google. Nada de referências externas, de consultas ou de distrações com a rede mundial de computadores. A tarde foi dedicada à interação com o grupo de pessoas que ali estava. As cenas comuns de uma pessoa falando enquanto outras prestam atenção apenas parcial ao interlocutor, e, ao mesmo tempo, mexem em seu *smartphone*, não tiveram lugar.

Durante muitos anos, tanto eu quanto uma enormidade de pessoas mundo afora defendem a expansão da cobertura dos sinais. Segundo a Anatel, 5.482 municípios brasileiros têm algum acesso na área urbana, enquanto apenas 83 estão desamparados. Isso equivale, segundo a própria agência, ao atendimento de 88,23% da população brasileira. Quando caminhamos para a área rural, já há uma mudança drástica: apenas 10,72% têm o privilégio da cobertura, o que leva a média do Brasil para 11,7% com disponibilidade dos serviços.

Dentre outras coisas, tais números demonstram a imensidão do nosso país. Significam que, caso você estivesse em algum lugar do território nacional escolhido aleatoriamente, apenas em 11,7%

das vezes poderia se comunicar por celular. Nas demais 88,3% das ocasiões, você estaria completamente isolado do mundo.

Além dos efeitos tão importantes da inclusão, a chegada de sinal possui uma interferência enorme na economia. Em uma entrevista para revista *Veja*[27], em julho de 2021, já de olho no leilão bem-sucedido do 5G ocorrido meses depois, o então presidente da Nokia do Brasil, Ailton Santos, revelou dados de um estudo contratado junto à Omdia, no qual foi apontado o impacto direto de 1,2 trilhão de dólares da tecnologia no PIB nacional, o qual é majorado para 3,08 trilhões se forem consideradas as estimativas de aumento da produtividade das empresas.

Outro estudo interessantíssimo[28], desenvolvido pela Economist Intelligence Unit (EIU), patrocinado pela Ericsson, estabelece uma correlação direta entre o nível de conectividade nas escolas e a capacidade de um país fazer crescer o seu PIB. Em resumo, uma melhoria de 10% no acesso leva pelo menos ao aumento de 1% do produto interno bruto.

Não restam dúvidas, portanto, da necessidade do avanço da economia digital, apenas possível com conexão. Mas em alguns momentos é preferível que estejamos desconectados, não é mesmo? Segundo estudo feito pela Abramet – Associação Brasileira de Medicina do Tráfego[29], 57% dos acidentes de trânsito, com condutores na faixa etária de 20 a 39 anos, são causados pelo uso indevido do celular. Tais números convergem com apontamento da Organização Mundial de Saúde sobre o aumento de 400% do risco de acidentes quando o motorista está utilizando seu *smartphone*.

---

[27] "'O 5G terá impacto de US$ 1,2 trilhão ao PIB brasileiro', diz CEO da Nokia", disponível em: https://veja.abril.com.br/economia/o-5g-tera-impacto-de-us-12-trilhao-ao-pib-brasileiro-diz-ceo-da-nokia/.

[28] "New report: Connecting schools has the potential to boost GDP by up to 20 percent in the least connected nations", disponível em: https://www.ericsson.com/en/press-releases/2021/6/new-report-connecting-schools-has-the-potential-to-boost-gdp-by-up-to-20-percent-in-the-least-connected-nations.

[29] "Médicos do tráfego alertam para o aumento dos sinistros decorrentes do uso do celular ao volante", disponível em: https://abramet.com.br/noticias/medicos-do-trafego-alertam-para-o-aumento-dos-sinistros-decorrentes-do-uso-do-celular-ao-volante/.

Pensando nisso, em 2017 a Nissan envidou esforços para adaptar em seus veículos uma tecnologia cuja base teórica foi desenvolvida no século XIX. Trata-se da gaiola de Faraday, que recebe o nome de seu inventor. O aparato impede que haja campos elétricos ou eletrônicos no interior de uma estrutura construída com materiais condutores. Em suma, um celular colocado dentro de um recipiente como esse fica totalmente sem conexão. Até onde eu sei, as tentativas da Nissan não foram um sucesso, não repercutiram para outras fabricantes ou tiveram influências sobre as leis de trânsito, o que pode vir a ser uma boa ideia.

As experiências geradas pela interação dos indivíduos sem a interferência da internet, como aqueles momentos no meio do rio Negro, tão comuns pela quase totalidade da vida humana na Terra e tão raras nos dias atuais, têm potencial de criar um movimento contra as defendidas tendências de ampliação da conexão, cada vez mais intensa e contínua. Por mais que possa haver defensores, a economia não permitirá uma involução da cobertura, muito menos os usuários aceitarão qualquer iniciativa nesse sentido. Portanto, tais movimentos serão localizados, pontuais e com objetivos específicos.

É possível que o uso de gaiolas de Faraday seja obrigatório para carros, presídios, concursos e provas de vestibular, apenas para citar alguns exemplos. Mas, talvez, a utilização de tal estratégia vire um negócio nas grandes cidades. Empreendedores do futuro poderão criar ambientes inteiros encapsulados em aparatos que obrigam a desconexão. Venderiam uma experiência totalmente revolucionária, na qual as pessoas passariam horas simplesmente se relacionando umas com as outras sem qualquer interferência da tecnologia. Você estaria disposto a pagar por isso?

OH, CÉUS!

"Às vezes eu simplesmente não entendo o comportamento humano. Afinal, estou apenas tentando fazer o meu trabalho."

C-3PO

Para quem assistiu a alguma produção relacionada à *Guerra nas Estrelas*, fica fácil associar o título deste artigo a uma fala muito comum de um robô denominado C-3PO. O androide foi criado por Anakin Skywalker, personagem que se transformou em um dos grandes ícones da epopeia: o temido Darth Vader. A figura robótica tornou-se tão querida do público que, juntamente com seu parceiro R2-D2, aparece em todos os filmes da saga.

A dupla protagoniza cenas marcantes. R2-D2 comunica-se apenas por meio de bipes e ruídos, indecifráveis pelos humanos, mas é um companheiro formidável, capaz de interagir com uma grande quantidade de equipamentos, inclusive ser copiloto de naves espaciais, tendo sido protagonista e salvado a cena em inúmeras ocasiões. Apesar de pequenino e com alguma dificuldade de locomoção, move-se por intermédio de rodas não muito adaptáveis a terrenos irregulares; é um verdadeiro herói.

C-3PO, por sua vez, é um mestre em linguagens. Capaz de se comunicar em mais de 6 milhões de idiomas diferentes, foi concebido, apesar de sua superfície brilhante, tendo como referência o ser humano. Possui 1,71m de altura e a constituição física tão peculiar que caracteriza nossa espécie. Ao contrário do primeiro androide, a personalidade deste é atrapalhada, pessimista e muito medrosa. Ao longo da história, no entanto, demonstra sua lealdade e comete atos de bravura determinantes para vitórias dos seus aliados.

O domínio de tal poder de comunicação relaciona-se ao objetivo para o qual o droide foi criado: ser especialista em protocolos, traduções e linguagens, de forma a possibilitar a interação de indivíduos de diferentes raças entre si e com equipamentos eletrônicos dos mais diversos.

Recentemente, o MIT apresentou uma lista com as dez maiores inovações de 2021[30]. Dentre elas, uma plataforma de IA denominada GPT-3, especializada justamente em linguagens. Criada pela OpenAI, entidade sem fins lucrativos cofundada por Elon Musk, cujo objetivo é desenvolver e promover IA amigável, capaz de beneficiar o mundo, o modelo computacional é capaz de

---

[30] "As 10 principais tecnologias inovadoras de 2021, de acordo com o MIT", disponível em: https://blog.aaainovacao.com.br/as-10-principais-tecnologias-inovadoras-de-2021-de-acordo-com-o-mit/.

compreender, interpretar, conceber respostas e, até mesmo, imitar textos humanos.

Pesquisando sobre o GPT-3 na Internet, deparei-me com uma definição que me chamou bastante atenção, no site Sigmoidal[31]:

> Em termos simples, o GPT-3 é um *framework* com mais de ***175 bilhões de parâmetros*** que usa *deep learning* para realizar diversas tarefas relacionadas à *natural language processing (NLP)*, ou processamento de linguagem natural, em português.

Curiosamente, apesar do início, "Em termos simples", a explicação afasta bastante os leigos no assunto. Caso você, leitor, não seja um especialista, lembre-se do C-3PO, ou seja, um *bot* capaz de falar com você em sua própria linguagem e executar tarefas que envolvam qualquer tipo de comunicação.

O uso e processamento de "linguagem natural" são, sem dúvida, os principais avanços na popularização da IA. A possibilidade de oferecer comandos como se estivéssemos conversando com outro ser senciente certamente fará com que a tecnologia chegue a um número muito maior de pessoas. Por tal razão, o avanço de plataformas como a GPT-3 é tão relevante, uma vez que irá permitir que pessoas não especializadas produzam interfaces tecnológicas, como por exemplo websites, apenas utilizando a fala. A especificação do layout e do conteúdo será ditado a um robô capaz de interpretar e produzir nossos desejos.

Além disso, há que se refletir sobre o conjunto imenso de usos e implicações da tecnologia. Assim como o C-3PO, o GPT-3 é um exímio tradutor. Ademais, se pensarmos que a música se codifica em uma linguagem bem determinada, é possível que ele se transforme em um excelente músico. Pode ser, também, que decodifique os padrões de obras de arte famosas e seja capaz de reproduzir tais padrões em obras novas, de forma que podemos vir a ter um novo quadro de Da Vinci feito por uma IA.

---

[31] "O que é GPT-3 e por que ele é importante?", disponível em: https://sigmoidal.ai/o-que-e-gpt-3-e-por-que-ele-e-importante/.

Caso você pense que essa é uma possibilidade distante, vale conhecer alguns desafios já enfrentados com sucesso pela plataforma, como simular alguns textos de autores famosos, imitar pessoas em entrevistas e até bater um papo com programadores, como no caso de uma conversa e outras peripécias que foram transcritas no blog Twilio[32].

Uma das coisas fundamentais de que me recordo da minha formação matemática é que essa ciência é também uma linguagem, da mesma forma que as codificações utilizadas para criar os programas de computador. Sim, estou afirmando que o GPT-3, especialista em linguagens, já é capaz de programar não apenas websites simples e, em breve, será um mestre em matemática, embora nunca tenha ouvido ninguém falar sobre esse ponto específico.

Os avanços podem ser extraordinários, animadores e assustadores ao mesmo tempo. Fico feliz que o propósito da Open IA, talvez o instituto que será lembrado como o autor da mais poderosa ferramenta de inteligência artificial já concebida, seja conduzir pesquisas fundamentais de longo prazo para a criação de IA segura.

[32] "Como criar um chatbot com o mecanismo GPT-3 da OpenAI, Twilio SMS e Python", disponível em: https://www.twilio.com/pt-br/blog/como-criar-um-chatbot-com-gpt-3-da-openai-twilio-sms-python.

O AVESSO DO AVESSO

"O problema nunca é como colocar pensamentos novos e inovadores em sua mente, mas como tirar os antigos."

Dee Hock

Somente após mais de um ano e meio desde o início do isolamento, participei do meu segundo evento presencial depois do início da pandemia[33]. O primeiro foi a Bienal Internacional do Livro de Pernambuco, onde lancei presencialmente meu livro *O futuro é analógico*. Apesar de adorar ler e ter um carinho muito especial por Recife, foi um momento estranho. Havia muito mais gente do que eu esperava no centro de convenções e a concorrência era enorme. Autores aclamados, *best-sellers* e promoções por todos os lados.

Em contrapartida, os eventos que fiz virtualmente com o mesmo propósito – o de lançar minha obra – foram bem mais calorosos. As pessoas participaram por interesse em meu livro ou, eventualmente, para me prestigiar. O que aconteceu pessoalmente foi frio, enquanto o on-line foi caloroso. O avesso do esperado.

Já no segundo evento presencial, a história foi diferente. Estava em um hábitat conhecido, tanto em função dos temas quanto dos participantes. O "Brasília mais TI" ocorreu entre 24 e 25 de novembro no Clube de Engenharia de Brasília, organizado pelo GForTI, grupo que congrega as principais entidades de tecnologia do DF. Seguindo a tendência do momento, realizado de forma híbrida, alguns participaram presencialmente e outros acompanharam as transmissões pela internet.

Ao final, encerrando o espetáculo com chave de ouro, ocorreu o 11º Prêmio Sinfor, cujo presidente da comissão organizadora foi o estimado Alex Vieira, que já havia contribuído como painelista e teve posicionamentos extremamente sóbrios e úteis sobre a captação e a retenção de talentos. A solenidade mais uma vez proporcionou-me imensas alegrias. Em primeiro lugar, por ver um "filho" prosperar, dado que a criação do prêmio ocorreu em 2009, quando o sindicato estava sob minha gestão. Em seguida, por vê-lo sendo retomado, depois da pausa forçada em decorrência da crise provocada pela COVID-19. Por fim, em função da

[33] O artigo foi publicado em 30/11/2021. Segundo levantamentos feitos à época, no decorrer da vacinação, entre os meses de janeiro e novembro, houve um aumento de 1.800% no número de eventos presenciais, ao mesmo tempo em que os eventos on-line continuaram a crescer, com um aumento de 350% no período em comparação com o ano anterior. Fonte: Even3.

minha empresa, a Memora, ter sido premiada na categoria ESG – Environmental, Social and Governance.

Não é fácil retomar eventos presencias neste momento. O que era normal agora não é tanto assim, tem apenas um tom de "normalidade", como se fosse o avesso do avesso. Nesse cenário, cabe ressaltar a luta dos muitos que tornaram o sonho realidade, sob a liderança do querido amigo e presidente do Sinfor-DF, Ricardo Caldas, em nome do qual congratulo mais de uma dezena de pessoas que trabalharam com imenso afinco.

Um aspecto relevante foi a nítida percepção de que um erro grotesco do governo estadual anterior[34], que afastou os empresários do projeto do BioTIC, foi reconhecido, mesmo que não explicitamente, e o governo atual traz alguma esperança de correção de rumos, embora com movimentos ainda tímidos. Os representantes oficiais presentes no evento demonstraram o desejo de diálogo e uma vontade de que o projeto tome as dimensões merecidas. O estrago da miopia pretérita foi gigante, mas sempre há tempo para uma recuperação. Urge que o parque tecnológico abrigue as empresas o mais rápido possível. Apenas alguns programas, como o belíssimo Centelha apresentado pelo Hideraldo Almeida no decorrer do congresso, não são suficientes para a criação de um ecossistema poderoso. A integração proporcionada por coabitar um mesmo espaço fisicamente promove encontros casuais, conversas não agendadas, convívio mais frequente, os quais são responsáveis por aquecer o ambiente colaborativo, chave do sucesso de um parque tecnológico.

No conjunto de boas novidades, fiquei bastante feliz ao deparar-me com algumas *startups* da cidade que começavam a ter sucesso, como é o caso da Vamos Parcelar, da Avaliz e da Instabuy. Torço pelo triunfo dessas empresas locais e, quando tive oportunidade, deixei meu recado para aquelas que estão começando. Tive a honra de dividir o palco no painel Empreendendo no Setor de Tecnologia – Uma Visão de Futuro" com o craque Antônio Valdir, superintendente do Sebrae, e com David Leonardo, responsável pelo *eSports* na rede pública de ensino do DF. Fomos moderados

---

[34] À época da publicação do artigo, Ibaneis Rocha estava em seu primeiro mandato como governador do Distrito Federal (reeleito em 2022). Ele foi precedido por Rodrigo Rollemberg, que governou o DF de 2015 a 2018.

pelo caríssimo Luiz Queiroz, que, de um jeito leve e dinâmico, conseguiu extrair de nós um cativante debate.

Minha mensagem para os novos empreendedores foi: "Concentrem-se nos seus clientes. Encontrem problemas reais e os resolvam. Gastem a maior parte do tempo descobrindo como melhorar a vida de quem vai usar seus produtos ou serviços. O investimento virá em seguida". Disse isso, com muita ênfase, no intuito de me contrapor àqueles "startupeiros" que gastam a maior parte do tempo pensando em como captar dinheiro e se esquecem da essência dos seus negócios.

Merece reconhecimento, também, o conteúdo de altíssimo nível ao longo de todo o evento, que contou iminentemente com a "prata da casa", sob a coordenação do amigo, diretor do Sinfor-DF e jornalista Renato Riella. Uma mostra de que Brasília de fato tem o setor como vocação.

Mesmo correndo o risco de cometer injustiças, pelas quais desculpo-me antecipadamente, não posso deixar de mencionar a brilhante palestra de abertura feita por Eduardo Levy, um dos maiores conhecedores de telecomunicações do país. Ele explicou com sobriedade e didatismo a chegada do 5G ao Brasil e suas implicações para o futuro; ainda, em um ato de pura benevolência, teve a gentileza de fazer referência, mais de uma vez, ao meu livro.

Outros ocuparam posição de relevo, como o amigo Paulo Foina, presidente da ABIPTI – Associação Brasileira de Instituições de Pesquisa Tecnológica e Inovação e sua explanação sobre o relatório produzido pela Delloite. Recomendo fortemente a leitura da obra, cujo tema é "Impacto de Institutos de Ciência e Tecnologia Privados no Brasil".

Mais um que se evidenciou foi o professor Gislane Santana, participante de diversas das entidades do GForTI, defensor incansável de projetos sociais (particularmente, conheço e apoio seus projetos há mais de vinte anos) e um dos docentes que mais tem contribuído para a inserção de alunos de graduação de tecnologia da informação no mercado de trabalho (apenas na minha empresa, tenho doze alunos dele contratados e vou contratar mais cinco nos próximos dias[35]).

---

[35] A Memora contratou além dos cinco mencionados, mais outros cinco alunos do professor Gislane Santana.

Por fim, reservei a derradeira menção ao painel que abrilhantou a conferência: "A Presença da Mulher no Mercado de Trabalho no Setor de TI". Glória Guimarães, presidente do AYO Group e detentora de vasto currículo de sucesso, da qual sou um grande fã, ladeou o palco com duas gigantes: Cristiane Pereira, empresária e VP da Assespro-DF, e Aline D´Alessandro, diretora da Idealine e do Sinfor-DF. O debate foi conduzido de forma esplêndida por Dora Gomes, que mostrou os desafios e, principalmente, as superações dessas mulheres extraordinárias para se transformarem em evidências do setor. Palmas e mais palmas merecidas para a organização.

Após os devidos reconhecimentos ao evento, e o justo destaque a seus ilustres participantes, cabe retomar a reflexão sobre o título, que, a propósito, é parte da letra da música "Sampa", de Caetano Veloso. Durante a pandemia, houve a validação dos encontros virtuais. Eles já existiam e com tecnologia boa o suficiente para proporcionar um ambiente adequado de conversas remotas há mais de uma década, o que remonta ao começo do nosso século. No entanto, elas não eram legitimadas. Quase não se concretizavam operações de negócios ou mesmo reuniões simples de trabalho por videoconferência. A presença física era vital.

A necessidade de isolamento mudou o cenário e tornou o contato pessoal algo temerário, em função da possível transmissão do vírus. A reversão foi gigante, transformando o que era normal em indesejado e vice-versa. A superação da pandemia nos traz novos momentos que requerem reflexão. Meu sentimento de estranheza com os eventos físicos vai passar e voltaremos a ter congressos, a ir ao cinema, ao teatro, a shows. Será comum, novamente, fazer reuniões presenciais, mas nunca mais deixaremos de ter como opção os encontros virtuais. Eles agora estão validados e vão nos levar a rotinas híbridas de trabalho, lazer e estudo, com momentos de proximidade e de afastamento físico, conforme a necessidade e a conveniência.

A ETERNA INQUIETUDE HUMANA

"Ao infinito e além!"

Buzz Lightyear,
personagem da
franquia Toy Story

Dezembro de 2021, final do Campeonato Mundial de Xadrez. Defende o título o norueguês Magnus Carlsen, primeiro do ranking e campeão mundial desde 2013, que joga contra o desafiante russo Ian Nepomniachtchi. A vantagem obtida pelo norueguês é tão significativa que poucos veem possibilidade de o resultado ser revertido[36].

Tal qual ocorre nos esportes em geral, também no mais famoso jogo de tabuleiro do mundo existe um ranking para determinar os melhores competidores do planeta. Os pontos de cada jogador são obtidos a cada partida, dependendo do resultado do jogo e da diferença entre o que se chama de "rating". Esse cálculo tem como base um sistema bem elaborado pelo físico húngaro, naturalizado americano, Arpad Elo, e vigente desde 1960. Quanto mais partidas se joga, melhor se pode classificar o nível do esportista.

Justamente o atual campeão mundial, que segundo minhas previsões continuará com o título, foi quem já obteve a maior pontuação da história: 2.882 pontos. Um estudo realizado por intermédio da análise de milhares de partidas tornou-se base para a tese de doutorado em estatística de Danilo Machado Pires, na qual ele aponta os percentuais de vitória em relação à diferença de rating. Segundo o trabalho, um jogador que esteja 100 pontos na frente do outro possui 63,82% de chance de ganhar a partida se estiver de brancas (por convenção, as peças brancas fazem o primeiro lance, o que lhes confere uma pequena vantagem). Sou capaz de afirmar, embora não faça parte do estudo, que 300 pontos de rating são determinantes para o resultado de uma disputa, independentemente do lado em que joga o adversário mais forte.

No ano de 1997, o mundo viu pela primeira vez o campeão mundial Gary Kasparov, um dos maiores ícones da modalidade de todos os tempos, ser derrotado pelo computador da IBM Deep Blue em um encontro de seis partidas, concluído com o placar de 3,5 a 2,5 para a máquina. Daquele momento em diante, não havia mais dúvida de que o homem tinha sido superado pela sua criação quando o assunto era o xadrez. De lá para cá, os avanços computacionais foram extraordinários, levando os competidores biná-

---

[36] O artigo foi publicado em 07/12/2021. Em 10 de dezembro, Magnus Carlsen ganhou a 11ª partida do campeonato, alcançando a pontuação necessária de 7,5 e se tornando campeão mundial pela 5ª vez consecutiva.

rios a um padrão de performance estonteante. Lider do ranking, o programa Stockfish tem um rating superior a incríveis 3.500 pontos, ou seja, aproximadamente 700 pontos acima de qualquer marca humana.

Em 2020, foi lançada a série O gambito da rainha, que retrata uma história ficcional ambientada no final da década de 1950, na qual a personagem principal, Beth Harmon, ultrapassa diversos obstáculos até se tornar campeã mundial de xadrez, superando os maiores jogadores da época. O aclamado jogo, que possui 605 milhões de adeptos ao redor do mundo, foi ainda mais impulsionado pelo seriado. Segundo o Google, as buscas pelo passatempo cresceram 91% no YouTube. A eBay, por sua vez, registrou um aumento de 273% na procura por tabuleiros. Com o efeito da pandemia, os aficionados on-line aumentaram substantivamente, assim como a busca por aulas, como relatam vários dos melhores jogadores brasileiros.

A questão que vem é tona é: por que continuamos a nos interessar por uma atividade na qual somos obsoletos? Por que continuar a praticar um esporte mental no qual já fomos irremediavelmente superados pelos computadores? A resposta e as motivações devem variar de pessoa para pessoa, já que cada indivíduo é um universo em si próprio, mas uma reflexão sobre o comportamento geral da humanidade certamente vale a pena.

Começando por mim mesmo, e sem nenhum constrangimento, revelo que meu melhor rating no universo on-line foi de 1.857 pontos, ou seja, sou um jogador bastante fraco comparado aos praticantes profissionais; contudo, devo conseguir ganhar de qualquer um que não tenha estudado seriamente o jogo. Lembro-me da minha primeira participação em torneios oficiais, quando ainda era um menino, ocorrida contra Adriano Valle. Não tive nenhuma chance na ocasião, perdi feio. Anos depois, descobri que o oponente tinha se dedicado com afinco à modalidade e, inclusive, tinha se sagrado campeão de Brasília várias vezes. Como tenho diversos amigos enxadristas e já frequentei com alguma assiduidade os clubes locais dedicados ao jogo, tive o prazer de encontrar Adriano em inúmeras ocasiões.

No mestre, e em sua filosofia, começa minha resposta. Esse exímio jogador sempre disse que o jogo em si era muito mais que uma competição. Sua teoria é que os dois competidores produzem uma obra de arte ao se confrontarem no tabuleiro. Ele sempre enxergou uma beleza que vai muito além da vitória ou da derrota. Para Valle, xadrez é um esporte, sim, mas também algo muito mais sublime.

Após ter assistido ao seriado mencionado, descobri que as partidas que nele foram disputadas são integralmente baseadas em jogos reais, mas em algum ponto foram modificadas sob a consultoria de grandes mestres, em especial Gary Kasparov, para serem ainda mais fantásticas. Quando vi os embates completos, tive essa sensação de beleza. Não me deparei apenas com um mero jogo de tabuleiro, e sim com verdadeiras obras de arte, as quais, para serem devidamente apreciadas, requerem um conhecimento sofisticado.

Mas as explicações não se encerram por aí. Evidentemente, muitos encontram no xadrez uma distração, diversão e um exercício mental vigoroso para se manterem em forma. Tanto quanto os músculos, nosso cérebro precisa estar em constante ação para não definhar rapidamente. No entanto, o ponto principal, sob minha perspectiva, é que somos irremediavelmente inquietos. Nós, humanos, não nos contentamos ou nos imobilizamos diante de um desafio, mesmo quando sabemos que já fomos superados. Continuamos em uma busca incansável pelo aprimoramento, somos curiosos, procuramos pelo novo na tentativa de melhor compreender a realidade, ampliar nossas experiências e sublimar nossa existência.

Tal característica é ressaltada em inúmeras obras de ficção científica, sendo responsável, muitas e muitas vezes, nas situações imaginárias, pela sobrevivência da espécie. Assim sendo, não importa que o computador seja melhor do que nós em certa atividade; vamos continuar nos divertindo, apreciando a beleza e nos aprimorando para que nos tornemos, não melhores do que a máquina, mas melhores do que nós mesmos.

OS CACHORROS DA MINHA RUA

"Não temos motivos para esperar que a qualidade da intuição melhore com a importância do problema. Talvez o contrário: problemas de alto risco provavelmente envolvem emoções poderosas e fortes impulsos para a ação."

Daniel Kahneman

Episódios que envolvem violações em ambientes virtuais estão se tornando corriqueiros, inclusive os de grande repercussão. Vivemos recentemente um ataque de *hackers* que tiraram do ar os sistemas do Ministério da Saúde e do ConecteSUS[37], aplicativo responsável por registrar informações sobre os usuários do Sistema Único de Saúde, em particular relativas às vacinas.

Não há dúvidas de que tais ações são criminosas e temos uma longa jornada pela frente para reconhecer, combater, tipificar e punir os cibercrimes. Convenhamos, no entanto, que atacar o Ministério da Saúde e atrapalhar a gestão das vacinas é algo de elevada gravidade, uma vez que está em jogo a vida de milhões de pessoas. A ação deveria ser classificada como crime hediondo.

Os casos não se restringem a instituições, embora, em geral, pela vultuosidade, tais situações ganhem mais relevância pública. Tenho recebido quase diariamente mensagens de pessoas avisando sobre algum tipo de golpe com o uso do WhatsApp. Ora o número da pessoa foi clonado, ora abordam os contatos com um novo número, dizendo que houve mudança de celular e passam a pedir dinheiro. Outro golpe aplicado recentemente ocorre nas redes sociais. Os larápios descobrem as senhas e passam a controlar contas de usuários, oferecendo produtos usados, como celulares, a um preço ótimo. Quem cai na armadilha pensa estar comprando algo de um amigo e descobre depois que fez um Pix para um desconhecido. Não se pode negar que os fraudadores possuem um bom grau de criatividade.

Infelizmente, não se trata apenas da criatividade de "batedores de carteira"; a sofisticação é crescente. Há um software israelense, denominado Pegasus, desenvolvido pela empresa NSO, que supostamente é vendido tão somente para agências governamentais com o objetivo de combater terroristas e grandes criminosos, capaz de invadir celulares e ter acesso a absolutamente tudo o que se passa em seu aparelho. Nada resiste ao *malware*, fazendo com que seu dispositivo seja um espião perfeito contra você mesmo 24 horas por dia. Assustador, não é?

---

[37] "Sistemas do Ministério da Saúde estão fora do ar após tentativa de invasão", disponível em: https://www.cnnbrasil.com.br/saude/sistemas-do-ministerio-da-saude-estao-fora-do-ar-apos-tentativa-de-invasao.

A vida cada vez mais digital nos coloca nesse tipo de situação. Somos mais e mais dependentes de registros desmaterializados e transações virtuais. Em 1995, foi lançado o filme *A rede*, com Sandra Bullock, que já antecipava problemas com os quais estamos lidando atualmente. Uma empresa de tecnologia criminosa consegue trocar a identidade da protagonista, que passa a ser conhecida pela polícia como drogada, prostituta e ladra. Isso porque a heroína esbarrou por acaso em um arquivo revelador, cujo conteúdo continha operações escusas. De lá para cá, houve um incremento significativo da virtualização, motivo pelo qual se faz necessário refletir sobre a segurança dos nossos dados "nas nuvens".

Apenas para citar uma passagem, e de volta à questão das vacinas, quando minha ex-esposa tomou a primeira dose da AstraZeneca, por alguma razão houve uma falha dupla de registro. Ela não recebeu o cartão de vacina (ou perdeu, embora ela negue essa versão) e tampouco houve o registro no sistema. Daí em diante, ela ficou em um abismo informacional. Não podia tomar a segunda dose, porque não conseguia comprovar que tomou a primeira. Apenas o agendamento, efetuado pela internet, não foi, e não poderia mesmo, ser considerado como evidência do ato.

Reverter a situação não foi simples; afinal, como provar que um registro virtual não ocorreu? Não havia comprovante de espécie alguma. Nem foto ela tirou, como fizeram alguns dos filhos. Felizmente, contando com a competência e boa vontade do pessoal da tecnologia da informação da Secretaria de Saúde do DF, o imbróglio foi resolvido.

Os cuidados com a segurança, antes restritos ao mundo físico, já se estendem há algum tempo para o digital. Colocamos cadeados, muros, alarmes e cópias, inspirando-nos no concreto. Cada iniciativa possui algum grau de sucesso. Aparentemente, até agora, os registros distribuídos, usando a tecnologia de *blockchain*, têm obtido grande êxito. Especialistas afirmam que nunca houve violações nas principais criptomoedas, como é o caso do *Bitcoin* e do *Ethereum*, que se utilizam dessa tecnologia. Talvez seja o caso de utilizá-la para documentos de identidade e outras escriturações oficiais.

Como o virtual imita o real, fiquei tentado em compartilhar os principais fatores que me fazem sentir seguro onde moro. Nos últimos catorze anos, residi em duas casas diferentes, ambas com as mesmas características, e nunca sofri um episódio de violência sequer. Localizam-se em ruas fechadas, sem saída, e ao final delas. Quando alguém estranho entra na via, desde a primeira casa já começa a receber os latidos dos cachorros dos vizinhos. Quanto mais avança, mais animais entram no coro. Uma verdadeira sinfonia para alertar os moradores da presença do intruso. Não passo nem perto de ser especialista em cibersegurança, mas quem sabe os cachorros da minha rua possam inspirar algum expert no assunto.

JOGAR É PRECISO, VIVER TAMBÉM

"Para fazer uma declaração embaraçosa, eu gosto de videogames. Foi isso que me levou à engenharia de software quando era criança. Eu queria ganhar dinheiro para poder comprar um computador melhor para jogar videogames melhores. Nada como salvar o mundo."

Elon Musk

Para a alegria de muitos e a tristeza de outros, as plataformas de *streaming* proliferaram. Em especial por causa do enorme sucesso da Netflix, muitos *players*, alguns novos e outros egressos de diferentes áreas do setor de diversão, adentraram na disputa pelo público. Com planos variados, as empresas oferecem opções diversas, que possibilitam uma ampla gama de alternativas para os usuários. Muitos, inclusive, optam por pagar várias plataformas simultaneamente.

Sem a intenção de ser exaustivo, faço a seguir uma lista dos principais serviços que estão disponíveis atualmente:

1. Netflix
2. Prime Video
3. Disney+
4. Apple TV+
5. Oldflix
6. Globoplay
7. Paramount+
8. Telecine Play
9. HBO Max
10. Directv GO
11. Uol Play
12. Looke
13. Claro Now
14. Starzplay
15. Univer Video
16. Pluto TV
17. NetMovies
18. Darkflix
19. Star+

Impressionante, não é? Opções para gostos dos mais variados. Isso sem contar o YouTube e o Twitch – mais importante canal de *streaming* para jogos. O setor vem crescendo mundialmente e investindo em produções de diferentes regiões geográficas. Para exemplificar, segundo o site Maiores e Melhores, as cinco séries mais assistidas no mundo são[38]:

1. Squid Game – Round 6
2. The 100
3. La Casa de Papel
4. Lupin
5. Bridgerton

A primeira é uma produção sul-coreana, a segunda e a quinta são americanas, a terceira é espanhola e a quarta, francesa. A diversidade é, sem dúvidas, um dos pontos altos do entretenimento, e os *streamings* conseguiram internalizar esse conceito extremamente bem. Por aqui, algumas boas obras foram feitas e têm alcançado projeção mundial, como é o caso de *Coisa mais Linda*, *3%* (sobre a qual escrevi em um artigo) e *Sintonia*.

Todo esse universo fantástico, com investimentos robustos ao redor do planeta e uma audiência crescente, representa um faturamento de 61 bilhões de dólares anuais, segundo o site Statista. E as projeções são animadoras: estima-se que a indústria vai continuar a se expandir nos próximos anos e, em breve, superar a casa de 100 bilhões de dólares anuais.

É possível que essas informações não sejam completamente novas para você, leitor. Talvez, inclusive, você já pudesse imaginar a importância das séries e filmes na economia global, até porque os *streamings* começaram a fazer parte do nosso dia a dia. Falei desse mercado, mais conhecido, para comparar com outro titã, o setor de *games*, cujo faturamento global é, simplesmente, quase três vezes maior do que o de *streaming*. Estamos falando de 178 bilhões de dólares em 2020, segundo o site Olhar Digital.

---

[38] O artigo foi publicado em 4/1/2021, momento em que o site divulgou o *ranking*.

Os jogos consumidos são dos mais variados, desde os clássicos, como xadrez, damas, pôquer e jogos de cassino, até aqueles em primeira pessoa, onde o jogador vive uma imersão cada vez mais real em suas aventuras. A diversidade, a pluralidade e a heterogeneidade estão em seus níveis máximos no mundo dos *games*. Sem dúvida, esse é um dos fatores que leva à popularização.

A brasileira Loud, organização de esportes eletrônicos, possui mais de 7,7 milhões de seguidores nas redes sociais. Apenas para se ter uma ideia do que isto significa, somente oito times brasileiros de futebol têm números melhores: Flamengo, Corinthians, São Paulo, Palmeiras, Santos, Grêmio, Vasco e Atlético Mineiro.

A tendência desse mercado é de expansão ainda mais acentuada do que o previsto para os *streamings*. O site Olhar Digital[39] aponta um crescimento de até 70% nos próximos quatro anos. Atualmente, ao redor do mundo, as arenas reservadas aos esportes tradicionais são cada vez mais invadidas pela nova onda. Os esportes eletrônicos, como League of Legends (LOL), Call of Duty, Counter Strike, Dota e Fortnite arrastam multidões de fãs. O primeiro da lista, LOL, já teve picos de 100 milhões de expectadores únicos em suas finais, feito equiparável ao Super Bowl – partida final da principal liga de futebol americano dos Estados Unidos.

Certa vez ouvi uma frase que descreve bem uma das razões pelas quais o público dos jogos é tão grande[40]: "Eu adoro jogar, porque, quando eu erro e perco, sei que posso começar novamente". É uma distração, um entretenimento, algo que oferece desafios, mas permite que você recomece e tente novamente sem maiores consequências. O autor era um conhecido que partilhava comigo o gosto pelo Go e pelo xadrez, cujo nome não me lembro, afinal a passagem dos anos tem o dom de apagar algumas informações.

---

[39] "Mercado de eSports crescerá 70% em quatro anos, aponta estudo", disponível em: https://olhardigital.com.br/2021/03/08/games-e-consoles/mercado-de-esports-crescera-70-em-quatro-anos/.

[40] Segundo levantamento da Pesquisa Game Brasil (PGB), o público de games em nosso país correspondia a 74,5% da população em 2022. Um aumento de 2,1 pontos percentuais comparado ao número do ano anterior. Fonte: Meio&Mensagem, disponível em: https://www.meioemensagem.com.br/midia/no-brasil-publico-de-games-corresponde-a-745-da-populacao.

Com o metaverso, os *games* vão ganhar dimensões adicionais. Haverá jogos dentro de outros jogos. O nível de abstração será cada vez maior, e o vício, mal de muitos jogadores, pode trazer prejuízos para uma vida saudável. Ao contrário do pensamento célebre de Fernando Pessoa, na época das grandes navegações, acredito que jogar é preciso, mas viver também.

A LGPD E OS FLANELINHAS

"E cadê a esmola
Que nós damos sem perceber?
Que aquele abençoado
Poderia ter sido você"
Plebe Rude

Depois de mais de seis meses sem escrever, deparei-me com um conjunto de situações que chamaram minha atenção e que, acredito eu, merecem um texto. Aqueles que tiveram a oportunidade de ler meu livro *O futuro é analógico* e acompanham meus artigos publicados no site Capital Digital sabem da minha abordagem de utilizar analogias para destrinchar temas complexos. Quando a conexão entre um fato cotidiano e um assunto relevante acontece, o "papel" me chama.

Desde o início da pandemia, por diversas razões, passei a fazer as compras no supermercado. Já fui questionado várias vezes sobre fazer compras pela internet; no entanto, mesmo considerando a logística maluca de colocar e tirar as compras da prateleira para o carrinho, para o caixa, para o carrinho de novo e para a casa – inclusive, em tom jocoso, já escrevi sobre esse tema no artigo "Cuidado para o delivery não matar seu vizinho", publicado no meu livro anterior –, ainda prefiro a experiência presencial. Gosto de ficar de olho nas promoções, escolher itens que tenho vontade de comprar, ainda que não estejam na lista, ver gente (salvo quando o mercado está lotado).

Invariavelmente, em qualquer um dos estabelecimentos que frequento, assim que paro o carro, um flanelinha se oferece para olhar o veículo. A situação é constrangedora. Em primeiro lugar, pela histórica desigualdade social do país. Eu ali para fazer compras, confrontado por alguém que está em situação de insegurança alimentar. Tenho o hábito de fazer doação. Na minha empresa, inclusive, temos um percentual do orçamento destinado para tal finalidade. Porém, a situação de rua é sempre mais complicada. O segundo constrangimento deriva da falta de opção. O que dizer para o cidadão? Uma negativa vai ou não gerar represália? Nunca se sabe. A maior parte das pessoas, mantenho sempre essa crença, é do bem, mas há também aqueles que não são. Então, acabo por balançar a cabeça e deixo para decidir depois o que fazer, assim como deve proceder a maioria das pessoas.

Depois do advento da LGPD, a Lei Geral de Proteção de Dados, da qual sou um crítico contumaz, estamos vivendo situações similares em nossas experiências, virtuais ou não. Provavelmente, você já deve ter passado por alguma delas. Quer usar um site, uma rede social, um aplicativo, então concorde que você será submetido à política deles. Não concorda? Tudo bem, então não use. Como no caso do estacionamento, você fica em situação de constrangimento, aceita aquilo que não quer por não ter opção.

Enquanto usuário, elo mais fraco da relação, a lei não me protege, mas, enquanto empresário, sinto-me ameaçado por ela. A LGPD entrou para o cenário das conversas corporativas, cada ator proferindo sua interpretação própria, em especial aqueles que oferecem seus serviços. Conseguiram aterrorizar tanto as empresas que, independentemente do projeto, há sempre necessidade de explorar o tema. Perceba: para quem vende, o objetivo é transformar a ameaça que a lei representa, especificamente para o empresário, em uma forma de proceder que traga segurança. Isso significa, por meio de artifícios e imposições, fragilizar a posição do usuário que deveria ser protegido pelo dispositivo legal.

O resultado final, como já devem ter percebido, é que a LGPD criou um mercado formidável, onde as empresas pagam especialistas capazes de engendrar estratégias complexas, para que possam continuar fazendo uso dos dados dos usuários (no caso, eu e você!).

Recentemente, o tema denominado *open banking* mudou de nome para open *finance*. Trata-se de uma plataforma para compartilhamento de dados, inicialmente entre os bancos, para tornar mais seguras as operações, em especial as que envolvem risco. Ou seja, um banco pode utilizar informações de outro banco para analisar, por exemplo, o crédito a ser concedido a um determinado indivíduo. O termo passou a se chamar *finance*, pois os dados são úteis em qualquer instituição financeira, não apenas em bancos. E como fica a LGPD neste caso? Ela "protege" os seus dados, e, portanto, a consulta entre organizações depende de uma autorização expressa da sua parte.

Sendo assim, os bancos e as entidades financeiras gastaram milhões de reais com advogados, especialistas e sistemas, de forma a cumprir rigorosamente a lei. Ainda vão gastar mais e mais com a evolução das interpretações, fiscalizações e sanções que estão por vir. Para nós, clientes, no entanto, nada mudou, uma vez que, se decidirmos não compartilhar dados, não teremos o empréstimo, pois o avaliador vai justificar a negativa com a ausência de informações para reduzir os riscos.

A propósito, garanto, existem inúmeras pessoas precisando de dinheiro, ou seja, o sistema financeiro é muito mais forte do que sua individualidade e pode escolher para quem vai emprestar. Terão preferência aqueles sobre os quais o sistema tem mais informações, ou seja, os que autorizaram o compartilhamento dos dados pessoais.

A LGPD nasceu sob um pretexto correto – a necessidade de proteger os dados individuais. A crescente exposição gerada pela internet precisa mesmo ser contida para preservar o cidadão. Infelizmente, os dispositivos incorporados na lei e sua implementação até agora são um verdadeiro fiasco, exceto para aqueles que estão vendendo seus serviços. O indivíduo continua desprotegido, e não tenha esperança de que a legislação atual conseguirá mudar o constrangimento, da mesma forma que as leis vigentes não são aptas para resolver a abordagem dos flanelinhas no estacionamento.

DIGITALIZAÇÃO DA POLÍTICA

"Se você não se interessar pelos assuntos de seu governo, então você estará condenado a viver sob o domínio dos tolos."

Platão

Brasília vive eleições apenas de quatro em quatro anos. Em decorrência das características da unidade da federação na qual nasci e vivi toda a minha vida, não temos eleições municipais por aqui. Em termos eleitorais, o Distrito Federal se comporta como um Estado, e não como um município. Apenas uma única nomenclatura se diferencia. Em vez de deputados estaduais, temos deputados distritais. Nos demais cargos, votamos igualmente para presidente, governador, senador e deputado federal.

Lembro-me bem de disputas passadas, algumas épicas, quando a capital se dividia entre o azul e o vermelho. A rivalidade era tamanha que superava, inclusive, aquela entre os bois Garantido e Caprichoso da famosa festa folclórica de Parintins, no Amazonas, com a coincidência das cores – um vermelho e outro azul.

A política, em especial a campanha eleitoral, acontecia nas ruas e transformava o panorama da cidade, com comícios, shows, bandeiras, cartazes, "santinhos" e adesivos nos carros. Uma verdadeira e, momentaneamente, deliciosa, poluição visual.

Sempre exerci o meu direito ao voto. Já modifiquei agenda de passeios para participar do escrutínio, e, mesmo quando a viagem era inevitável, fui até um cartório eleitoral para votar em trânsito. Além disso, nunca votei em branco ou nulo. Embora compreenda e respeite teses diversas, tenho uma premissa de que preciso participar da escolha, mesmo em condições desfavoráveis, quando os candidatos estão distantes do meu modelo ideal de político. Se tiver que escolher entre o "menos pior", que assim seja.

Em minha primeira experiência, quando eu não tinha a menor ideia de política, políticos, partidos, esquerda ou direita, escolhi um candidato por ter gostado das propostas dele, que li em um cartaz colado nos corredores da Universidade de Brasília. Por capricho do destino, o cidadão foi eleito mais de uma vez com o meu voto. Ao todo, acredito ter votado nele cinco vezes, e votarei novamente no próximo pleito. Sinal de que minha avaliação inicial não estava equivocada. Para minha alegria, a pessoa em questão, por força de muitas ocasiões e escolhas, tornou-se um amigo próximo.

A mudança para os tempos atuais é gritante. As campanhas majoritariamente saíram das ruas e foram para a Internet. Aqui em Brasília, já em 2018, elegemos um novato na política cuja propaganda foi baseada exclusivamente nas redes sociais. O candidato era um *influencer* digital e conseguiu se destacar a ponto de ter eleitores suficientes para tornar-se deputado federal. Não votei e não acompanhei o trabalho legislativo do parlamentar, mas, por alguma razão, em 2022 ele decidiu migrar sua candidatura para o Estado de São Paulo.

Sou um entusiasta da política, por acreditar que só por meio dela a sociedade é capaz de solucionar seus problemas. Por um lado, a digitalização, em especial em período eleitoral, traz um conjunto enorme de possibilidades, na medida em que a internet tem o potencial de levar mensagens de forma mais democrática para um número maior de pessoas. Por outro lado, a mesma internet provoca desafios gigantes que merecem muitos debates.

A questão das fake news é seríssima. Existe uma guerra sanguinolenta de narrativas. São tão bem elaboradas, poderosas e com a capacidade de polarizar que já não me admiro tanto ao ver amigos inteligentíssimos repetirem algumas asneiras sem fundamento. Pelo menos esse problema já foi identificado e está sendo combatido com uma aliança de atores públicos e privados.

Há, no entanto, um imbróglio, ao menos em potencial, sobre o qual sequer estamos debatendo, até pelo desconhecimento geral. Refiro-me aos algoritmos das redes sociais. Quando alguém faz uma postagem, a mensagem precisa ser distribuída aos amigos virtuais e aos demais usuários da plataforma. O objetivo maior de qualquer empresa é reter o seu cliente, e isso não é diferente nas redes sociais. Sendo assim, o algoritmo é "ensinado" a distribuir as informações de tal forma que possa "segurar" o máximo possível o usuário em seus domínios.

Dessa forma, se você gosta de futebol, adivinhe? Vão aparecer várias informações sobre o seu time ou jogador preferido, do mesmo jeito se seu interesse for música, arte, religião, mensagens de autoajuda ou qualquer outro. Existe um problema ético, já debatido por mim em outros artigos, pois o algoritmo não se preocupa se o conteúdo é bom ou ruim para você, sua família, sua saúde física e mental ou para a sociedade. O programa simplesmente quer criar elos que viciem você na plataforma para a qual ele "trabalha".

Imagine, então, se o dono da plataforma tiver uma tendência política e quiser utilizá-la para favorecer um ou outro candidato. Basta criar uma programação que propague mais as mensagens do lado preferido. Os efeitos serão devastadores. Um ataque gravíssimo à democracia, inclusive porque fiscalizar tal manobra não é trivial. Diferentemente, se uma rede de televisão ou de rádio forem acusadas de privilegiar alguém, é possível acompanhar, avaliar e julgar as ações efetuadas. A produção de notícias é centralizada, e a divulgação é pública e homogênea para toda a audiência. A auditoria, portanto, é viável.

Ao contrário, milhões de postagens são feitas diariamente por milhões de pessoas, e o comportamento do algoritmo não é facilmente rastreado. Apenas um exemplo: quando publico um *post* em uma determinada rede social, tenho em torno de cem *likes*. A primeira vez que fiz uma publicação em apoio à minha candidata a deputada distrital, obtive apenas três. A diferença é gritante. Será que o comportamento é sempre o mesmo para assuntos políticos? Possivelmente sim. Nesse caso, ainda mais por se tratar de um cargo de menor visibilidade. Será a distribuição também igual para os majoritários? Espero que sim. No entanto, é uma discussão que precisa ser aprofundada com um levantamento correto de dados e tratamento estatístico.

Nessa fase de virtualização de tudo, há uma imensa necessidade de conscientizar a sociedade sobre as mudanças que estão acontecendo a cada dia. São gigantes, mas ocorrem gradativamente, motivo pelo qual são quase imperceptíveis. Vamos nos acostumando aos poucos, nosso cérebro é projetado para isso. Mas já não há tempo hábil, de modo que espero que nas próximas eleições cada cidadão exerça com consciência o próprio voto e possamos eleger bons representantes. Desejo, também, que o pleito não seja influenciado ilegalmente pelas redes sociais. Por fim, rogo para que não façamos uma próxima eleição presidencial sem debater com a devida atenção a participação dos algoritmos nas campanhas políticas.

OS INCRÍVEIS E INACREDITÁVEIS BRASIS

"A força está na diferença, não nas semelhanças."

Stephen Covey

O jargão de país continental é conhecido por nós, brasileiros, desde que nascemos. A referência é correta, dada nossa extensão territorial. Somos praticamente do mesmo tamanho da Oceania e pouco menores que a Europa. Viajar pelo país permite conhecer diferenças culturais, sociais, gastronômicas e, dado o meu olhar vocacionado, da combinação entre pessoas e tecnologia.

Por feliz coincidência, recentemente participei de dois eventos consecutivos fora de Brasília. O primeiro foi em Maceió, terra linda, rumo à qual me dirigi, honrado, para o casamento de um amigo querido. Estava tudo absolutamente maravilhoso. Os noivos investiram tempo para cuidar de cada mínimo detalhe, de forma que nós, convidados, nos sentimos altamente prestigiados com tanto carinho, dedicação e diversão. A beleza do local escolhido, à beira-mar, afastado da cidade, contribuiu para momentos inesquecíveis.

Como era de se esperar, para quem se esforçou para atingir a perfeição, tínhamos a nosso dispor transporte, oferecido pelos noivos, para o translado do hotel até a cerimônia e vice-versa. Ingressei na primeira van e sentei-me, como de costume, no último banco. Logo na saída, voltando aos tempos escolares, provoquei em voz alta: "Agora vamos cantar até chegar à festa". Para surpresa de todos, um dos convidados retirou um pandeiro da mochila e, sem delongas, começou: "Não posso ficar, nem mais um minuto sem você. Sinto muito amor, mas não pode ser…". E lá fomos nós, como adolescentes, para nosso destino.

Desde o início do trajeto até o local da festa, a cobertura 4G funcionou muito bem, assim como a sonorização do evento, que contou com shows ao vivo, após a belíssima cerimônia. A imersão na beleza da praia não afastou a tecnologia.

No dia seguinte, após tanto deleite, fui para São Paulo, onde se realizou o Campeonato Brasileiro de Bridge de 2022. Após dois anos de torneios nacionais virtuais, para os quais fomos forçados a migrar em função da pandemia, tivemos a oportunidade de reencontrar amigos, dar abraços calorosos e sentir fisicamente o bem-querer daqueles que não víamos desde muito. Uma ocasião especial.

A viagem de Maceió para São Paulo, no entanto, foi o revés de tanta alegria. O voo da Gol partiu no horário previsto, porém, na aproximação para o aeroporto de Congonhas, fomos informados pelo piloto sobre um impedimento na pista. Descobrimos depois tratar-se de um acidente que envolvia uma aeronave de pequeno porte, a que interditou nosso destino por várias horas. Como resultado do imprevisto, pousamos em Confins, Minas Gerais. Nesse momento, começou uma história recheada de despreparo, incompetência, desrespeito e absoluta ausência de visão comercial da companhia aérea.

Ficamos na aeronave por mais de uma hora sem qualquer informação. Descobrimos a verdadeira razão do bloqueio da pista de pouso de Congonhas por conta própria, embora, possivelmente, a notícia já tivesse chegado antes para a tripulação. Após a espera, ainda com a expectativa de decolar novamente, opção que fora ventilada pela empresa, fomos convidados a desembarcar. Quando o fizemos, para surpresa geral, não havia equipe de solo para orientar os passageiros, motivo pelo qual peregrinamos pelo imenso aeroporto em busca de informação. Nem mesmo os tripulantes da GOL que encontramos sabiam como proceder.

Depois de idas e vindas, informações desencontradas e uma verdadeira andança, chegamos a um salão onde estavam entulhados, sem qualquer conforto, passageiros de quatro voos cancelados, mais de duzentas pessoas, e uma única atendente da empresa aérea.

Por um lado, a Gol já proporciona vários serviços digitais, incluindo compra de passagens, *check-in*, pacote de dados e mensagens gratuitas durante os voos, mas por outro, em um momento de crise, não disponibilizou nenhuma informação por intermédio de qualquer dispositivo eletrônico. Preferiu nos atender com apenas um funcionário. Não conseguiu nos dar qualquer previsibilidade, não tratou adequadamente as prioridades legais – sim, havia crianças e idosos desamparados no meio da multidão –, não realocou, não alimentou apropriadamente e não alojou as pessoas. Fomos tratados como números inconvenientes, frutos de um episódio convenientemente declarado fora do controle da companhia.

É certo que a Gol não tem responsabilidade sobre o acidente no aeroporto de São Paulo, mas o fato não a exime de cuidar dos seus clientes. Prestar informações, acomodar, alimentar, tratar com respeito é algo que esperamos de qualquer fornecedor em situação semelhante. Ao contrário, tomei uma verdadeira lição de como agir de forma descuidada, despreparada, desrespeitosa.

Possivelmente, por ser um domingo, aqueles que poderiam tomar decisões efetivas estavam em outras atividades e não se dispuseram a sacrificar seu final de semana por uma situação de crise. O resultado, além de passageiros descontentes, que devem optar por outras companhias doravante, será uma verdadeira enxurrada de processos judiciais que irá custar muito mais caro para a Gol do que as providências corretas no momento certo. Por óbvio, estamos todos em um grupo de WhatsApp que criei logo no começo da confusão.

Chegando a São Paulo, após desistir da Gol e comprar um bilhete da Azul, dirigi-me ao apart-hotel reservado. No local, não havia qualquer atendimento presencial. O empreendimento é gerenciado totalmente on-line. Fiz *check-in* pela internet e recebi uma senha para acesso ao prédio e ao meu apartamento. No decorrer de toda a estadia, não conversei presencialmente com nenhum colaborador da empresa que me hospedou. As dúvidas que porventura surgissem, no meu caso sobre serviços de quarto, eram esclarecidas por WhatsApp. Acomodações novas, limpas, bem-cuidadas, com tudo funcionando perfeitamente, inclusive o *wi-fi*.

A viagem me fez refletir sobre uma decisão que tomamos logo no nascimento da minha empresa, dezoito anos atrás. Naquele momento, sem que o tema estivesse tão em evidência, e com apenas uma colaboradora, decidimos adotar em nossa tábua de valores o "respeito à diversidade", escrito tal qual neste texto. Com a expansão dos negócios – devemos ingressar em 2023 com a perspectiva de superarmos a marca de quinhentos colaboradores –, estou muito feliz com a decisão.

Qualquer congregação de pessoas, desde os núcleos familiares até as nações, beneficia-se das diferenças individuais. Enquanto país, precisamos potencializar nossa diversidade. Ser plural é ser forte; basta encontrar uma direção convergente e, com tolerância, respeito e sabedoria, é possível caminharmos juntos.

A COPA DA TECNOLOGIA

"Você não pode permitir que seu desejo de ser um vencedor diminua ao alcançar o sucesso. Eu acredito que sempre há espaço para melhorias em todos os esportistas."

Lionel Messi

Uma Copa do Mundo em novembro é inédita para mim, assim como a ausência daquele clima de Copa, que no meu caso ainda não aconteceu[41]. Talvez seja porque não tenha ocorrido um jogo do Brasil, embora eu tenha comemorado a derrota da Argentina (não consigo conter minha torcida no futebol contra os *hermanos*).

Talvez seja porque o Catar não combine com o evento. Uma monarquia absoluta repleta de controvérsias sociais, de preconceitos, contrária à liberdade de expressão e cuja escolha para ser sede certamente foi baseada em movimentos de bastidores (jeito bonito de dizer que muito provavelmente os representantes que votaram foram "influenciados" financeiramente).

É inegável, no entanto, que se trata de um dos países mais ricos do mundo e que não economizou quanto ao quesito investimento em tecnologia. Apenas as imagens dos estádios, das cidades, dos vestiários, de tudo o que se mostra, já são suficientes para transbordar um ar de futurismo. Também é uma prova de que tamanho não é documento; a extensão territorial do emirado é apenas o dobro da do Distrito Federal.

Dentro do campo, pelo menos duas inovações são significativas: a bola oficial, Al Rihla (A Jornada), que possui um sensor de movimento (Adidas Suspension System*)* apto a transmitir quinhentas informações por segundo, e a tecnologia de impedimento semiautomática, que se utiliza de um número enorme de câmeras dedicadas a mapear o campo, a bola e os jogadores, bem como de inteligência artificial para analisar, praticamente em tempo real, as situações de infração. Esse avanço digital permite uma precisão incrível, capaz de trazer justiça a situações controversas, que, ao longo da história, foram responsáveis por mudanças de resultados e, inclusive, por títulos equivocadamente trocados de mãos. Meu time do coração, o Botafogo, já foi beneficiado e prejudicado por erros humanos. O time rival sempre foi beneficiado...

Fora de campo, outras novidades interessantes. Há até um estádio completamente desmontável, feito com containers e estruturas de aço. A restrição de espaço físico, considerando uma nação tão diminuta, por certo estimulou a criatividade. Os demais

[41] O artigo foi publicado em 30/11/2022, ocasião em que foi realizada a Copa do Mundo da FIFA no Catar.

estádios são equipados com equipamentos de última geração para refrigeração, que permitem manter a temperatura em 20 graus centígrados com um consumo de energia 40% menor do que os modelos convencionais.

Sobre o aspecto da inclusão, é importante ressaltar o uso de duas plataformas: o Bonocle, usado para converter conteúdos digitais para braile, permitindo o acesso de pessoas com deficiência visual, e o Feelix Palm, um dispositivo-luva que por impulsos elétricos transmite mensagens em braile. A evolução de tal tecnologia será utilizada maciçamente, em futuro breve, para acesso ao metaverso.

Em matéria de vestuário, dado que já falamos da luva, está disponível no mundial uma camisa capaz de monitorar a temperatura do corpo, o batimento cardíaco, a respiração e a hidratação. O uso de drones também é intensivo, inclusive para criar nuvens artificiais, com a borrifação de um composto de gás hélio sobre os estádios, no intuito de amenizar o clima desagradável do deserto.

Segundo o site da Anafisco – Associação Nacional dos Auditores-Fiscais de Tributos dos Municípios e DF[42], a respeito da cidade sede da Copa, temos algo realmente surpreendente:

> A cidade-sede dos jogos, Lusail, foi construída do zero, no meio do deserto do Qatar. Tudo nela foi milimetricamente pensado, e ela conta com vários dispositivos inteligentes. Os turistas vão conferir: iluminação especial, sistema de resfriamento, sinalização de última geração, rotas bem planejadas, estacionamento subterrâneo, táxi aquático, ilha artificial, hotel flutuante e muito mais.

No aspecto da segurança, mais de 15 mil câmeras monitoram o evento, centros de comando e controle, dispositivos para reconhecimento facial e algoritmos para identificar aglomerações e evitar atritos. Pelo menos isso é o que se divulga. Considerando o padrão típico de repressão de regimes políticos autoritários, é natural supor que o esquema seja bem maior.

---

[42] "5 evoluções tecnológicas das cidades do Qatar para a Copa do Mundo 2022", disponível em: https://anafisco.org.br/5-evolucoes-tecnologicas-das-cidades-do-qatar-para-a-copa-do-mundo-2022/.

Para a maioria que como eu assiste a Copa remotamente, um aspecto tecnológico é marcante. Não se trata da qualidade da imagem ou do som, muito menos da narração ou dos comentários: refiro-me, especificamente, à velocidade da transmissão escolhida. Caso você não tenha se atentado a isso, a TV aberta digital é pelo menos 3 segundos mais rápida do que qualquer outra opção. Sendo assim, se você estiver assistindo de outra forma, corre um sério risco de ouvir o grito de gol do vizinho antes mesmo de o gol ter acontecido para você.

Por fim, o mais importante, conforme o título do meu livro anterior, *O futuro é analógico*, nada melhor do que este momento para ilustrar meu ponto. A competição pode estar recheada de tecnologia, de inovações, do digital, pouco importa. O que vale mesmo é torcer pela camisa verde-amarela. Como em Copas passadas, não há garantia de que a melhor seleção vença (sequer há critério absoluto para definir *a priori* quem é melhor!). Zebras vão acontecer (Argentina e Alemanha que o digam!), personagens vão surgir, heróis irão brilhar. A emoção, o coração, e o imponderável vão superar todo o resto. A comemoração com família e amigos, a alegria, o abraço, a tristeza (que não virá para nós neste ano!!) são a essência da Copa do Mundo de Futebol. Como deveria ser sempre, a tecnologia está a serviço para melhorar a experiência humana e nunca, jamais, como um fim em si.

EI, METAVERSO, ESTAMOS INDO, VIU?!

"Você pode criar uma persona totalmente nova para si mesmo, com controle total sobre como você parece e soa para os outros. No Oasis, o gordo pode ficar magro, o feio pode ficar bonito e o tímido, extrovertido..."

Wade Watts, protagonista do livro/ "Jogador nº 1" falando sobre a plataforma de metaverso da obra de ficção.

Desde que li os primeiros livros de Anthony Robbins, comecei a acreditar que vemos a realidade de acordo com as nossas crenças. Construímos nossos próprios filtros, adicionando às nossas convicções o momento, o estado de espírito, os sentimentos, os desejos e, inclusive, as conveniências. A interpretação do mundo é particular, personalíssima, única, mesmo para os fatos mais singelos. É evidente que há convergências; afinal, somos parte de culturas, de grupos, de guetos, de tribos, mas deveria ser ainda mais evidente que existem divergências, algumas gigantes, já que somos 8 bilhões no planeta.

Por inúmeras razões – geopolíticas, comerciais, sociais, amorosas –, a humanidade de forma geral sempre se produziu para vender uma imagem favorável de si própria. As nações e as organizações, com instrumentos diversos, tanto quanto as pessoas, se maquiam para parecer mais bonitas. No mundo real, existem limitações difíceis de serem superadas. Por exemplo, nem com todo o marketing, mesmo gastando mais de 1 trilhão de reais para comprar e realizar a Copa do Mundo da FIFA de 2022, o Catar vai convencer, pelo menos aqueles que possuem um mínimo de discernimento, que é um país inclusivo e respeitador do seu povo e da diversidade mundial. Nessa linha, veja como a máscara da Rússia caiu após a imperdoável guerra contra a Ucrânia, mesmo tendo se valido da mesma estratégia do emirado quando realizou a Copa de 2018 no intuito de se mostrar boazinha para o mundo.

No campo pessoal ocorre o mesmo. É difícil esconder ou descaracterizar alguns atributos físicos, mesmo com a grande habilidade dos maquiadores. Ainda que uma pessoa de 60 anos hoje pareça muito mais jovem do que alguém da mesma idade do século anterior, é extremamente complicado para ela fingir estar com 40. Vinte anos constitui uma barreira quase instransponível sob o aspecto da aparência.

Tais limitações, no entanto, especialmente ao se tratar do visual, desaparecem nas redes sociais. Os filtros, termo utilizado agora com um significado ligeiramente distinto do usado parágrafo inicial deste capítulo, são campeões em manipular as luzes, os tons, as silhuetas, as rugas, a altura, enfim, todo o necessário para apresentar o protagonista como uma verdadeira obra de arte. Sem contar, é claro, que a vida é muito mais feliz nos *posts*. Sei que alguns amigos e amigas não vão gostar, mas eu os conheci quando não eram tão maravilhosos quanto apareceram no Instagram.

Ocorre que a tentação é grande em demasia; afinal, cada qual busca algo cuja conquista pode ser influenciada pela imagem. Seja um novo relacionamento, a manutenção ou a promoção de um *status quo*, um posicionamento social, a melhoria de autoestima, a construção de uma marca pessoal ou de autoridade em um tema, para finalidades múltiplas. Daí, transmitir algo mais elaborado, mesmo que não seja exatamente a expressão da realidade, se torna irresistível.

Agora, imagine se tal produção pudesse ter efeito ainda mais poderoso. É justamente o que o futuro nos reserva. Em vez de encontros pessoais – abrangendo desde reuniões, atendimentos, conferências, vendas e outros objetivos corporativos, até festas, shows e qualquer atividade lúdica –, o metaverso proporcionará encontros virtuais e, então, poderemos nos apresentar por meio do nosso avatar, cuidadosamente desenvolvido previamente. O molde inicial da aparência pessoal não será obrigatoriamente o ponto de partida (ou seja, esse "empecilho", para muitos, será facilmente abandonado); a criação se tornará mais livre. Os limites do nosso corpo serão rompidos, assim como os relativos à distância e às linguagens. A imaginação prevalecerá, mas sem menosprezar outros fatores relevantes, como a capacidade econômica do usuário (será necessário comprar muita coisa para se transvestir adequadamente) ou o talento para manipular a tecnologia.

Na construção das aparições perfeitas, a inteligência artificial terá papel fundamental, uma vez que nem todos nascem com o dom de criar personagens, climas e cenários ideais. Softwares assistentes receberão e transformarão desejos em uma "realidade" ficcional. Paralelamente, a virtualização corporativa ocorrerá, marcas físicas vão ter versões virtuais (atualmente algumas já possuem produtos criados especificamente para universos digitais) e novas vão surgir. Tudo isso acontecerá em uma velocidade estonteante. Ou seja, o sonho de uma representação ideal do "eu" poderá ser realizado, tanto quanto um disfarce bem manipulado para esconder eventuais pequenos defeitos.

Já tive diversos debates sobre a migração da vida social para o metaverso, e, incrivelmente, mesmo aquelas pessoas que são mais resistentes, gastam cada vez mais horas no Instagram (e outras mídias sociais) promovendo a si próprias, a defesa de suas causas, dos seus ideais, tratando de compartilhar e "vender" sua filosofia de vida. Mesmo essas, resistentes em relação à mudança, vez por outra deixam conversas presenciais "no vácuo" enquanto, sem perceber, se dedicam aos seus *smartphones*.

A internet, em sua concepção mais ampla, pode se transformar no ópio da vida moderna. Inclusive, há quem diga que já o é. Quem gosta de história sabe o quanto os ingleses se utilizaram dessa droga para invadir comercialmente a China. Os efeitos do consumo, em função da dependência física causada, foram devastadores para a sociedade chinesa, que por duas vezes tentou bloquear a prática britânica, sem sucesso, nas conhecidas Guerras do Ópio.

Atualmente, o papel de país colonizador é exercido pelas gigantes da tecnologia. Estas também, pelo menos até agora, estão mais preocupadas com o lucro do que com o benefício do usuário. Estamos indo para o metaverso de maneira irremediável, mas precisamos tomar consciência disso, evitando que os colonizadores modernos apenas explorem sem escrúpulos as suas colônias (no caso, eu e você!!!).

SIM, UTILIDADE PÚBLICA!

"A tecnologia da informação e os negócios estão se tornando inextricavelmente interligados. Não acho que alguém possa falar significativamente sobre um sem falar sobre o outro."

Bill Gates

Em 2015, houve uma decisão judicial de primeira instância que retirou o WhatsApp do ar por 48 horas. À época, eu era presidente da Federação Assespro, mais antiga entidade representativa do setor de tecnologia da informação no Brasil, que foi fundada em 1976 e atualmente representa mais de 2.500 empresas. Na condição, senti-me na obrigação de externar um posicionamento sobre o tema, motivo pelo qual escrevi um artigo denominado "O WhatsApp parou!"[43].

Em síntese, discordei da estratégia adotada pelo juiz, que se convenceu de que o WhatsApp havia cometido alguma infração à legislação brasileira, uma vez que o prejuízo da paralização recaiu majoritariamente sobre os usuários. Além disso, as motivações da medida eram equivocadas, algo que conseguimos provar em julho de 2016 em ação impetrada junto ao STF, na qual uma decisão judicial equivalente à de 2015 foi revogada pelo ministro Lewandowski. De lá para cá, nenhuma vez o aplicativo foi novamente bloqueado pela justiça. As interrupções posteriores deveram-se exclusivamente a erros grosseiros da Meta, empresa que é dona também do Facebook e do Instagram.

Publiquei o artigo no LinkedIn, bem como o encaminhei a dezenas de amigos, influenciadores, executivos, empresários, representantes setoriais e governamentais. Em retorno, recebi uma aprovação quase absoluta, com uma única exceção. Um querido e respeitado amigo, ex-presidente de renomado instituto de pesquisa e conselheiro de uma das maiores empresas de tecnologia brasileira, opôs-se à minha linha de raciocínio, alegando que a plataforma de mensageria não era algo de utilidade pública, como no caso do fornecimento de água ou de energia elétrica.

Talvez, com a aceleração digital vivida nos últimos anos, meu amigo já tenha mudado de opinião. Dezenas de milhares de negócios atualmente são baseados em plataformas de tecnologia, em especial as de troca de mensagens. Milhões de pessoas ao redor do mundo se utilizam desse tipo de comunicação como principal forma de contato, sem contar os grupos de usuários e suas infinidades de aplicações.

---

[43] Disponível em: https://pt.linkedin.com/pulse/o-whatsapp-parou-jeovani-salom%C3%A3o.

Mas não para por aí: uma quantidade imensa de informações, dados pessoais, incluindo os de identificação, transações financeiras e modalidades de relacionamentos estão habitando cada vez mais os meios virtuais.

Recentemente, fui a um evento com meus filhos e esqueci minha carteira. Em outros tempos, seria um grande aborrecimento, dado que o local requeria comprovação de identidade e eu precisava pagar o nosso consumo. Como o leitor pode imaginar, não houve qualquer transtorno. Os documentos digitais foram aceitos e os pagamentos foram realizados por Pix – a propósito, uma exemplar transformação digital efetuada pelo Banco Central do Brasil. Devido aos avanços, poderia também ter optado por utilizar o celular como cartão de crédito, tendo assim ainda mais opções financeiras.

Em resumo, o celular tornou-se muito mais importante do que a carteira! Em função da sua mobilidade, carregamos o dispositivo para todos os lugares, Ele tornou-se, assim, o meio principal de acesso ao mundo virtual nas questões pessoais, nas relações interpessoais e em muitas transações B2C (sigla em inglês para relação entre empresas e seus consumidores), a exemplo dos aplicativos de transporte de passageiros: 99, Uber, Cabify etc.

Há avanços também no campo institucional e cívico, como no caso das carteiras de identidade e de motorista, já mencionadas, e de outras identificações como o título de eleitor digital, que, a propósito, usei para votar nas últimas eleições.

Dessa forma, a tese central que inspirou o título do artigo torna-se lógica e natural. A crescente dependência do mundo virtual requer acesso constante e, portanto, móvel. Então a conexão, notadamente por *wi-fi*, os aplicativos e os dispositivos, com destaque para os *smartphones*, passam a ser de utilidade pública, ou seja, devem receber não só atenção, debates, intervenções do mercado, mas também regulação do Estado.

Evidentemente, há que cuidar dessa transição, porque, em geral, a os governos compreendem as mudanças em um ritmo mais lento, burocrático e antiquado do que o restante da sociedade.

Sobre o tema, houve um embate interessante em 2022, de um lado a União Europeia defendendo a padronização dos carregadores de celulares para *USB*-C (aquela entrada *USB* menorzinha), medida concebida em prol da população, e de outro lado as grandes empresas de tecnologia pregando a tese de que a imposição traria prejuízos à inovação. Em outubro daquele ano, o Parlamento Europeu aprovou a padronização, com a qual concordo plenamente.

No Brasil, há projetos de lei no mesmo sentido, mas por aqui a força do *lobby* das gigantes tecnológicas tem prevalecido. Há ainda a questão dos carregadores nas terras tupiniquins. Comprei um celular na Black Friday e ele veio apenas com o cabo. Como muito se diz, nosso país não é para amadores.

CARDÁPIOS VIRTUAIS

"Não há nada mais difícil de executar, mais perigoso de conduzir e mais incerto no seu êxito do que introduzir uma nova ordem, porque essa transformação terá forte resistência dos que se beneficiavam das leis antigas, e as novas leis não encontrarão, com igual ânimo e por timidez, defensores entre os que estas vierem a favorecer."

Maquiavel

Eu adoro a internet. A possibilidade de acesso à informação, lazer, cultura, diversão, notícias, relacionamentos ao alcance de um clique. Realmente formidável. Inúmeras vezes, utilizei-me de pesquisas para referenciar conceitos dos meus artigos, além de ter buscado citações – como a que você encontra no início deste artigo –, fontes e inspiração para escrever. Não raro, encontrei informações precisas e convergentes, com as quais senti-me confiante a ponto de compartilhá-las com meus leitores.

Ao começar o presente texto, tive a ideia de utilizar um princípio integrante do meu cotidiano pessoal e organizacional chamado ganha-ganha. Em síntese, consiste na alternativa de os relacionamentos serem bons para todas as partes envolvidas. Relações, negócios, empreendimentos de qualquer natureza que prestigiam esse tema são, em geral, bem-sucedidos. Afinal, é gratificante se manter onde tudo vai bem. Alguns espertinhos acreditam que é melhor levar vantagem, criando assim um relacionamento ganha-perde, mas a outra parte rapidamente se apercebe da situação, interrompe a ligação e, pior, não a reestabelece mais no futuro. Ou seja, o suposto sabido tem um proveito de curto prazo, em vez de um benefício mútuo e longevo.

Evidentemente, para quem gosta de uma vida de gratificação imediata, as relações ganha-perde são um prato cheio, seja para pessoas ou empresas. No entanto, se a busca é por uma vida plena do indivíduo ou da organização, o único caminho é aquele em que todos se beneficiam. Pode parecer difícil para quem não tem familiaridade com o tema, ainda mais quando são muitos os atores envolvidos. Em uma prestação de serviços típica de empresas de tecnologia, como a minha, por exemplo, há que considerar a própria empresa, o colaborador, o cliente, o colaborador do cliente e o cliente do cliente!

A dificuldade inicial de encontrar acordos favoráveis para todos é superada em muito pelos benefícios decorrentes ao longo do tempo. Além disso, quanto mais se exercita, como em qualquer área, mais fica natural pensar e estruturar situações de ganho geral.

Voltando à questão da rede mundial de computadores, depois da pausa para explicar o ganha-ganha, fui, como de costume, buscar referências teóricas para embasar adequadamente o assunto e permitir que o leitor, se tiver vontade, possa explorar melhor a temática. Deparei-me com uma situação interessante e deveras engraçada. Coloquei, em português e inglês, a seguinte pergunta no Google: "Quem inventou o ganha-ganha?". Como resposta, descobri que a teoria surgiu na Harvard Law School, mas que também foi inventada por Robert Shapiro no livro *The power of the nice*, além de François de Calierres, há mais de trezentos anos, em contraposição à obra de Maquiavel. Não para por aí: a lista incluía, ainda, Victor Barranco, da década de 1960, Mary Parker, John Nash e assim por diante.

Os benefícios da internet são enormes, inclusive os mencionados no início deste texto. No entanto, algumas situações não possuem solução fácil, como no caso das ambiguidades em relação ao que é verdadeiro. Quando se trata somente do criador de uma definição, e não do conceito em si, como no presente caso, a situação não é grave. Mas quando envolve conteúdo, as divergências podem levar a consequências danosas.

Ocorre o mesmo com outros avanços tecnológicos, motivo pelo qual tenho pregado sempre a necessidade de reconhecer, compreender e debater as novidades. No decorrer da pandemia causada pelo vírus da COVID-19, vivemos uma fase de aceleração da virtualização, dada a necessidade de isolamento. Tivemos muitos ganhos, criamos hábitos e admitimos novos formatos de interações, a exemplo do trabalho e do estudo remotos.

Em função de reduzir a transmissão do vírus pelas superfícies, tornaram-se comuns os cartões de crédito por aproximação e os cardápios virtuais. Para mim, os primeiros são ótimos, enquanto os outros são terríveis. O menu no celular do cliente é maravilhoso para o restaurante sob o aspecto da praticidade. Além disso, ele economiza ao não imprimir, tem facilidade para modificar itens e preços, e a gestão é centralizada e facilitada. Perfeito, não fosse pela insatisfação do cliente.

Assim como eu, muitos não gostam dessa inovação. Em vários restaurantes que adotaram a prática como padrão, pergunto aos garçons se os clientes reclamam. Não raro, afirmam que pelo menos metade dos clientes desaprovam, por várias razões. Ainda assim, vários estabelecimentos, pelas facilidades geradas, mantêm a prática. Como a situação não é de ganha-ganha, os clientes insatisfeitos vão encerrar a relação. Eu mesmo evito frequentar restaurantes que não possuam o bom e velho cardápio físico.

Outras situações de digitalização geram desconfortos similares. Recentemente, fui fazer uma aula experimental de pilates. Após a sessão, fui compreender melhor os detalhes para decidir se me matriculava ou não. Disse que tinha interesse em fazer as aulas especificamente nas segundas e quartas-feiras, das 7h às 8h da manhã. A resposta chegou a ser hilária: a solícita e simpática atendente explicou-me que a política da empresa era de flexibilidade, motivo pelo qual eu precisava apenas baixar o aplicativo e informar, com antecedência de 24 horas, meu horário de preferência. Respondi, educadamente, que não queria tal flexibilidade, pela simples razão de não ter outro horário disponível. Então, ela me disse que bastaria eu entrar no aplicativo todas as vezes para marcar a aula naquele horário desejado!

Estamos fadados à mudança contínua em função dos avanços tecnológicos. Entretanto, precisamos estar atentos para não piorar as situações que já são ótimas simplesmente porque um novo aplicativo foi desenvolvido. A chave deve ser pensar em relações de longo prazo, nas quais cada envolvido seja beneficiado. Relações ganha-ganha.

LAVAR BATATAS É DIFERENTE DE LAVAR ARROZ

"Na teoria não há diferença entre teoria e prática. Na prática há."

Yogi Berra

Quem leu meu livro *O futuro é analógico*, cujo título é baseado em um artigo de mesmo nome, sabe que comecei a cozinhar durante a pandemia. A propósito, o fato é apresentado justamente no mencionado artigo. O interesse veio mais pelo fato de conviver com a minha mãe, e da necessidade de substituí-la aos domingos à frente do fogão, do que propriamente pelas questões culinárias, embora eu já tenha aprendido a gostar de ser *chef*.

Desde a primeira experiência, minha mãe fica ao meu lado compartilhando os anos de sabedoria acumulados em sua arte de preparar os alimentos. Logo no começo, falou que eu devia lavar o arroz e eu lavei. Com o passar dos finais de semana, fui perguntando discretamente sobre as razões dessa e de outras recomendações. Descobri que algumas já não faziam tanto sentido, justamente como no caso do cereal mais consumido no Brasil. Antigamente, o processamento era pior e a lavagem prévia tinha um propósito, o de retirar certas impurezas. Hoje, considerando os produtos das melhores marcas, tal prática é desnecessária.

Na primeira vez em que fui fazer batata frita, minha mãe falou novamente sobre a necessidade de lavar o insumo. Além disso, a prática incluía, também, uma secagem posterior, ou seja, descascar, cortar, lavar e secar, antes de colocar no óleo quente. Dessa vez, eu, que já começava a pensar que entendia alguma coisa, simplesmente não segui sua orientação. Infelizmente, o resultado não foi o esperado. Tempos depois, com a ajuda de minha filha Camila, segui à risca as instruções e fizemos a melhor batata frita em rodelas que já comi. Cheguei, portanto, à brilhante conclusão de que lavar batatas é diferente de lavar arroz.

Os impactos das minhas decisões foram limitados. Afinal, tratava-se apenas de uma refeição; por mais saborosa ou por pior que fosse, renderia apenas o prazer de comer e os comentários do final de semana. No entanto, quando o assunto é política pública, as consequências são de outra dimensão.

O Brasil já conseguiu sucesso em algumas iniciativas, mesmo que parciais, como no caso da agricultura e da pecuária, na erradicação da fome – lamentavelmente, vários fatores fizeram os índices piorarem, sem dúvida dentre os quais os efeitos da pandemia –, na universalização do atendimento da vacinação (mesmo com a atuação inadequada das lideranças do país em determinado período) e na erradicação de determinadas doenças.

Em alguns outros momentos, ao contrário, tivemos grandes fracassos, dentre os quais o meu "preferido" é o da indústria automobilística. O *lobby* do setor foi gigantesco ao longo dos anos, a ponto se o Ministério do Desenvolvimento, Indústria e Comércio, com as devidas variações de nomes com o passar do tempo, já ter sido apelidado de "Ministério do Carro". Gastamos bilhões, sob a égide de desenvolver o país e gerar emprego. O resultado foi a consolidação do modal rodoviário como principal meio de transporte nacional, o que não faz nenhum sentido considerando nossas dimensões continentais, além de vendermos carros caríssimos e não termos nos apropriado de forma significativa de nenhuma tecnologia. Basta verificar que, apesar de sermos o oitavo país que mais consome veículos no mundo, segundo os dados da consultoria automotiva Jato Dynamics[44], não contarmos com sequer uma marca nacional de referência. Em resumo, os modais aquaviário e ferroviário são pífios diante da grandeza e necessidade do país, não desenvolvemos tecnologia própria, não temos empresas brasileiras que produzam veículos em massa, pagamos caríssimo pelos veículos e exportamos apenas os *royalties*. Fracasso absoluto.

No setor de tecnologia de informação, cada vez mais presente em nossa vida, existem algumas tentativas históricas de política pública, mas o fato é que ainda somos majoritariamente consumidores – ou pior, dependentes – de softwares e hardwares internacionais.

A tentativa de gerar tecnologias nacionais por meio da reserva de mercado, iniciada pela Lei nº 7.232/84 e encerrada pela Lei n} 8.248/91, em poucas palavras, foi um desastre. Apesar de eu não ser representante setorial no período mencionado, já tive oportunidade de conversar com colegas sobre o tema. Nenhum jamais mencionou qualquer aspecto positivo dos resultados. A honrosa exceção ao movimento completo certamente está vinculada ao objetivo inicial de gerar tecnologia nacional.

A própria lei que encerrou o ciclo anterior criou o que denominamos de Lei de Informática, baseada também na Lei nº 8.387/91 e alterações posteriores (Decreto nº 5.906/06, Leis nºs

---

[44] "Brasil perde posição e foi o 8º maior mercado automotivo de 2021", disponível em: https://motor1.uol.com.br/news/578574/brasil-oitavo-maior-mercado-2021/.

10.176/01, 13.674/18 e 13.969/19), a qual concede incentivos fiscais para empresas do setor de tecnologia que tenham por prática investir em pesquisa, desenvolvimento e inovação. Mais uma vez, é possível salvar as intenções, mas, infelizmente, não mudamos o cenário da dependência internacional, muito menos estamos exportando nossas invenções.

Analisando a tabela a seguir do Estudo Brasileiro de Software 2022, produzido pela ABES em parceria com o IDC, verificamos claramente que exportar não é algo que o Brasil esteja fazendo com pujança.

Segmentação de Mercado	**Mercado Interno**	**Exportação**	**Total**
Software	11.070 (98,35%)	186 (1,65%)	11.256
Serviços	8.131 (94,32%)	489(5,68%)	8.620
Hardware	26.300 (100%)	0 (0%)	26.300

Valores em milhões de dólares, referentes ao ano de 2021

Muitos fatores contribuem para o cenário atual, um deles, cultural: em vez, de focarmos o quanto de inovação está sendo produzida pelo incentivo, o governo, em especial, gasta energia em minúcias. Em síntese, o agente público, como é de costume para nós, brasileiros, pressupõe que as empresas vão burlar as regras para se beneficiar. Dessa forma, criam uma enormidade de ritos, regras, burocracias e fiscalizações para evitar que o suposto desvio ocorra, sem se preocupar com o principal: saber se estamos ou não gerando inovações de padrão mundial em software e hardware (e, já antecipo, não estamos).

O novo marco legal das *startups*, instituído pela Lei Complementar nº 182/2021, traz uma lufada de esperança para o setor. Houve melhorias para os investidores-anjos, permitiu-se que empresas enquadradas na Lei do Bem (11.196/05) façam investimentos por intermédio de fundos com ganhos tributários, foram simplificados os registros perante o INPI por meio do Redesim e, muito importante, foram criados mecanismos de uso do poder de compra pública para alavancar *startups* que tenham soluções, ainda que não completamente desenvolvidas, que atendam a demandas da sociedade.

Muitas das empresas líderes mundiais do setor de tecnologia tiveram apoio decisivo dos seus governos, seja por meio de políticas bem estruturadas de incentivo, seja diretamente. A Lei das *Startups* permite que tal estratégia, pelo menos na fase inicial da empresa, seja adotada em nosso país. Precisamos, além dos ajustes táticos sempre necessários, fazer com que os agentes públicos, em especial aqueles que têm poder de contratação e os que fiscalizam, compreendam que comprar de *startups* tem um objetivo muito maior do que o suprimento de uma necessidade específica do Estado. Trata-se de uma política de fomento. Espero que, assim como eu já fiz, eles consigam compreender que uma compra pública cotidiana e uma feita para contemplar uma *startup* são tão diferentes uma da outra quanto lavar arroz e batatas.

O FIM A PARTIR DO COMEÇO

"Não estamos vivendo em um mundo onde todas as estradas são raios de um círculo e onde todas, se seguidas por tempo suficiente, se aproximarão gradualmente e finalmente se encontrarão no centro: em vez disso, em um mundo onde cada estrada, depois de alguns quilômetros, se bifurca em duas, e cada uma delas em duas novamente, e, a cada bifurcação, você deve tomar uma decisão."

C.S. Lewis

Fazer previsões é algo simples, mas apenas para aqueles que não possuem compromisso com elas. Um amador, de esportes, de investimentos, de negócios ou de tecnologia, pode ousar prever qualquer coisa e, ainda, nas raras ocasiões em que acertar, vangloriar-se de seu talento.

Em seu fantástico livro *O sinal e o ruído*, Nate Silver, aclamado estatístico norte-americano, discorre sobre as dificuldades de vislumbrar o futuro em diversas situações e traz luz sobre o tema. Ele ganhou notoriedade ao acertar diversas previsões na política do seu país e busca esclarecer, em seus escritos, como distinguir dados significativos daqueles que não o são, bem como exemplificar diversas áreas cujas tentativas de acertar o porvir são factíveis ou não.

Predições levianas sobre o que ocorreria com a chegada da COVID-19 foram motivadoras para mim. Senti-me, enquanto cidadão, empresário e representante setorial do segmento da tecnologia da informação, compelido a me manifestar, trazer opiniões balizadas e, principalmente, de forma responsável. Ative-me, como sugerido pelo mencionado autor, a dados, e não a vislumbres. Agora, praticamente três anos após o artigo "Predições pós-covid", publicado no meu livro *O futuro é analógico*, decidi trazer uma análise daquilo que foi escrito.

No início de 2020, destaquei cinco tendências: universalização do acesso, realidade virtual, jogos eletrônicos, inteligência artificial, nuvem e *big data* e serviços digitais ao cidadão, as quais, claramente, ganharam força desde então.

Em relação ao item de universalização do acesso, tivemos vários avanços. Segundo a Pesquisa Nacional por Amostra de Domicílios (PNAD) Contínua[45], 90% dos lares brasileiros já possuem acesso à internet. São 65,6 milhões de domicílios conectados, 5,8 milhões a mais do que em 2019. Por sua vez, o leilão da tecnologia 5G movimentou 42,2 milhões, de acordo com o Ministério das Comunicações, e a implantação da tecnologia está ocorrendo em conformidade ao previsto pela Anatel.

---

45 "Internet chegou a 90% dos domicílios brasileiros no ano passado", disponível em https://www.gov.br/pt-br/noticias/educacao-e-pesquisa/2022/09/internet-chegou-a-90-dos-domicilios-brasileiros-no-ano-passado.

Os avanços da realidade virtual também foram significativos. Ganhou ênfase, nesse período, o conceito do metaverso, inclusive com o anúncio de investimento massivo de várias das maiores empresas de tecnologia do mundo. Para que se tenha ideia da dimensão da adesão à tendência, relatório do Gartner[46] aponta que, em 2026, 25% da população mundial passará pelo menos 1 hora no metaverso e uma em cada três empresas terão seus produtos ofertados nas plataformas de realidade virtual. O tema é instigante e traz consigo desafios e oportunidades de grande magnitude para a sociedade, sobre parte dos quais discorro ao longo dos capítulos deste livro.

Sobre jogos eletrônicos, não há qualquer dúvida sobre a expansão do setor, ainda mais quando começamos a convergir com os conceitos discutidos anteriores de realidade virtual e metaverso. Em consonância com a pesquisa efetuada pela consultoria PwC, em 2022 o segmento movimentou US$ 196,8 bilhões[47], contra US$ 144,4 bilhões em 2019, ou seja, um crescimento superior a 36%. O crescimento da economia mundial, no mesmo período, de acordo com o Banco Mundial, foi cinco vezes menor (5,6%)!

O tema de inteligência artificial – IA, que no texto inicial foi agregado com nuvem e *big data*, tem recebido tanta relevância que deveria ter tido maior destaque. Recentemente, Ricardo Amorim[48] publicou um artigo sobre o ChatGPT no qual apresenta avanços da plataforma. Afirma em um dos parágrafos:

> Desde então, o ChatGPT tem sido usado em vários casos reais com resultados surpreendentes. Ele superou pessoas em processos seletivos, escreveu uma redação do Enem em apenas 50 segundos, defendeu um réu em tribunal

---

[46] "Mais de 25% da população passará 1 hora no metaverso até 2026", disponível em: https://forbes.com.br/forbes-tech/2022/04/mais-de-25-da-populacao-passara-1-hora-no-metaverso-ate-2026-diz-gartner/.

[47] "Mercado de Games no Brasil em 2023: números e tendências do setor", disponível em: https://olist.com/blog/pt/como-vender-mais/inteligencia-competitiva/mercado-de-games-no-brasil/.

[48] "ChatGPT: A revolução da inteligência artificial", disponível em: https://ricamconsultoria.com.br/artigos/chatgpt-a-revolucao-da-inteligencia-artificial.

nos Estados Unidos e foi aprovado em um exame de MBA. Estes resultados são apenas alguns exemplos da capacidade do ChatGPT de superar a inteligência humana.

Surpreendentemente, o texto se encerra atribuindo a autoria ao próprio ChatGPT: "PS: Esse texto foi escrito integralmente pelo ChatGPT sem nenhuma edição". Não tenho dúvidas, como menciono ao longo desta obra, de que a IA tem um potencial disruptivo. Não apenas porque ela pode substituir atividades humanas, mas porque dentre essas atividades está justamente a de escrever códigos de IA. Ou seja, a IA vai escrever softwares de IA, que podem escrever outros, e esses outros, outros tantos. É difícil imaginar aonde vamos chegar.

Sobre o assunto de nuvem, ao qual eu havia agregado a IA, em poucas palavras, o movimento financeiro de 2021 foi de U$S 67,4 bilhões[49] e há uma previsão decrescimento de pujantes 18% ao ano até 2031, segundo relatório da Allied Market Research. O mercado ainda está se acomodando sobre a migração de suas aplicações para nuvem. Em um momento inicial, apenas os benefícios foram vistos; agora, no entanto, a realidade já demonstra que é necessário ser seletivo e escolher o que, como, em que período e por quanto tempo colocar os sistemas da empresa em plataformas externas. A despeito desse aprimoramento de critérios, o crescimento vindouro é certo.

Por fim, o último tema que mencionei foi o de serviços digitais ao cidadão. No escrito original, usei uma frase de que gosto bastante ao me referir ao tópico "Não porque deverão ser, mas porque já deveriam ter sido!". O crescimento do gov.br foi marcante, segundo o governo federal, em texto publicado em 21/11/2022[50]. O Brasil foi reconhecido pelo Banco Mundial como o segundo país do mundo com a mais alta maturidade em governo digital. A

---

[49] "Uso da nuvem pela indústria crescerá 18% ao ano na próxima década", disponível em: https://www.convergenciadigital.com.br/Cloud-Computing/Uso-da-nuvem-pela-industria-crescera-18%25-ao-ano-na-proxima-decada-61777.html?UserActiveTemplate=mobile.

[50] "Brasil é reconhecido como segundo líder em governo digital no mundo", disponível em: https://www.gov.br/governodigital/pt-br/noticias/brasil-e-reconhecido-como-segundo-lider-em-governo-digital-no-mundo.

avaliação é resultado do GovTech Maturity Index 2022, que considera o estado atual da transformação digital do serviço público em 198 economias globais. Além disso, outras iniciativas paralelas mereceram destaque, como o pagamento de auxílio emergencial, no decorrer da pandemia, pela Caixa Econômica Federal, que atingiu digitalmente 67,9 milhões de pessoas.

Com a consciência bem tranquila, três anos depois posso dizer com alto grau de certeza que minhas predições foram boas. As cinco tendências apontadas se materializaram, o que, a princípio, poderia ser motivo de regozijo. No entanto, perdi algumas coisas, sendo que uma delas me custou muito caro.

Com a validação das interações profissionais remotas, houve um movimento que quebrou uma lógica de mercado. A princípio, e em especial no setor de TI, do qual sou empresário, os profissionais sempre foram pagos de acordo com os mercados em que atuam. Assim, por exemplo, um programador de computador que atuasse no Nordeste ganhava menos, em média, do que um no Sul ou em São Paulo. Isso porque o custo de vida é diferente entre um lugar e outro, assim como a quantidade de negócios e oportunidades.

Com a chegada do trabalho remoto, as empresas de São Paulo, em especial as do setor financeiro, com destaque para as *fintechs*, começaram a contratar em todo o Brasil. Sendo assim, os profissionais de TI se nivelaram em termos salariais, independentemente do endereço das suas residências. O movimento foi ainda mais acentuado porque há uma carência de técnicos qualificados no mundo, motivo pelo qual a demanda estava bem mais alta do que a oferta, provocando promoções artificiais de níveis de experiência – os juniores foram contratados como plenos, os plenos como sêniores e estes como semideuses.

Minha folha de pagamentos repentinamente subiu mais de 30%, sem que eu conseguisse repactuar os meus contratos. A situação provocou dois anos muito difíceis, que quase culminaram em um pedido de recuperação judicial por parte da minha maior empresa. Felizmente, o mercado já se acomodou, e as operações, após o susto, vão de vento em popa.

Citar o episódio é extremamente relevante para reflexões, uma vez que, mesmo tendo acertado as tendências que previ, não fui capaz de identificar uma que teve enorme influência em meu negócio. É um alerta para aqueles, profissionais ou amadores, que se arriscam a prever os dias de amanhã. Um alerta ainda maior para aqueles que utilizam tais previsões.

O futuro nos reserva muitas oportunidades e desafios com o avanço da tecnologia em nossa vida. Precisamos estar atentos e debater em escala global as evoluções. Na condição de otimista, acredito que seremos uma sociedade melhor, mais justa e equânime, onde a abundância vai superar a escassez e cada ser humano será tratado com a dignidade e o respeito que merece. Para tanto, cada indivíduo há de reconhecer seu papel e exercer sua influência nos círculos onde atua.

CONCURSO MUNDIAL DE POESIA

FASE PRELIMINAR

"Um mérito inegável da poesia: ela diz mais e em menor número de palavras que a prosa."

Voltaire

Obrigado por chegar até aqui, mesmo que tenha pulado alguns capítulos!

Ao longo de toda esta jornada, citei meu livro anterior, "O Futuro é Analógico", que se encerra com um conto, denominado "Concurso Mundial de Poesias", no qual compartilho poemas de minha autoria, no contexto de um futuro imaginário, pouco mais de 100 anos adiante do início da pandemia. Evidentemente, faço uma análise dos impactos na sociedade, pela ocorrência da COVID-19 bem como prevejo alguns avanços sociais e tecnológicos.

Sempre gostei de poesias e, ao longo da vida, escrevi algumas. Ora inspiradas em alguém, ora em alguma situação minha ou alheia, ou, até mesmo, no jogo de palavras. Simular um concurso, no entanto, traz desafios adicionais, uma vez que é preciso compor em estilos diferentes, utilizando de estratégias distintas, de forma que o leitor tenha a impressão de que as poesias foram compostas por diversos autores.

Outro ponto interessante diz respeito ao contexto temporal. Recordo-me de uma poesia de autoria própria, premiada em terceiro lugar em um concurso de uma empresa em que eu trabalhava, na qual era mencionado em um verso algo como: "Agora já temos telefone!". Ressalto esse aspecto, para lembrar ao leitor que as poesias daqui a 100 anos irão retratar a realidade cotidiana dos autores futuros. Dessa forma, algo que para nós ainda é fictício precisa ser abordado nas estrofes como algo comum.

Conforme descrito no conto do primeiro livro, 12 poetas chegaram à semifinal da competição universal – participantes da América, África, Antártida, Ásia, Europa, Oceania, Marte, Lua, Io, Europa (o satélite), Gomides e Calisto. No primeiro livro, foram publicados os cinco poemas inéditos dos concorrentes que participaram da disputa final. Apresento, na presente obra, as 12 poesias que precederam a escolha dos finalistas.

Apesar de ficcional, exploro no enredo um tema que tem potencial polêmico e, para minha surpresa, já ocorreu em 2022, demonstrando o poder de previsão da obra. No referido ano, Jason Allen venceu o concurso de artes da Feira Estadual do Colorado com uma pintura gerada por Inteligência Artificial – IA. O quadro é belíssimo e, como esperado, gerou muitos protestos. O debate é rico, na medida em que se começa a questionar o que de fato é uma atividade criativa e o quanto os programas de computador são capazes de criar. Em relação ao "Concurso Mundial de Poesia", antecipando a realidade, a vitoriosa foi Lina, uma IA brasileira.

Com a ascensão recente do ChatGPT, fiz algumas provocações no intuito de compreender melhor essa IA específica e analisar até onde já chegamos. Para começar, vale reproduzir a resposta da "AI Engine" quando perguntei o que é ChatGPT:

> Eu sou o ChatGPT, um modelo de linguagem artificial criado pela OpenAI. Eu fui treinado em uma enorme quantidade de dados de linguagem natural e sou capaz de responder a uma ampla variedade de perguntas e fornecer informações úteis sobre uma ampla gama de tópicos. Minha capacidade de compreender e produzir linguagem natural me permite conversar com pessoas como se fosse um humano. Estou aqui para ajudar a responder a qualquer pergunta que você possa ter!

Na sequência, perguntei se era uma IA criativa e se poderia criar poesias, quando obtive como resposta o seguinte:

> Sim, como modelo de linguagem treinado em grandes quantidades de texto, sou capaz de gerar novos textos e, portanto, também posso gerar poesias. No entanto, é importante notar que, como uma IA, não tenho emoções ou intenções próprias. Portanto, minhas criações poéticas são geradas por algoritmos que tentam imitar a estrutura e o estilo de poesia, mas não são o resultado de uma expressão artística genuína.

Por fim, considerando apenas essa conversa – na verdade fiz diversas outras –, apresentei as poesias escritas por mim no presente texto e pedi para que ele gerasse um novo poema. O resultado está ao final deste epílogo; e, embora o software tenha se apropriado de algumas palavras e ideias que eu utilizei, como esperado, é absolutamente sensacional. Tenho a impressão, diante do produzido, de que o ChatGPT seria um competidor de peso em um Concurso Mundial de Poesias.

Desejo uma ótima leitura!

1. Prelúdio à Viagem

Experimente os vislumbres
Prove todos os sabores
Busque novos amores
Cheire inúmeros perfumes

Sinta cada textura
De pele, de pétala, de tecido
Abra um vinho exótico
Aprecie a paisagem, a pintura

Viaje e se delicie
Um instante por vez
Que seja intenso e erótico
Escolha o sim, o não, o talvez

Mas quando chegar o tempo certo
Use tudo a nosso favor
Como nunca feito antes
E que seja para sempre ou apenas por um instante

2. Rosas

Tecnologia, tecnografia, tecnomodas
Antologia, antografia, analógico
E o futuro a quem pertence,
Ao digital ou às rosas?

3. Avatar

Alto, poderoso, maravilhoso
Ou frágil, mirrado, maltrapilho
Os deuses escolhiam a olho
Quem cantaria o estribilho

Era privilégio divino
Materializar em universo humano
Mundo imaginário, paralelo
Por um dia, um mês ou um ano

O virtual ilusório metaverso
Comum ficou e agora cada sujeito
Tem o poder do Deus bom e do perverso

Pode escolher de tudo um pouco
Rica, desvirtuada ou louca
Eu, por ele, linda e perfeita.

4. Presente

Sincronicidade de pensamentos avulsos outrora distantes
Transcende
Hologramas dispersos entediantes
Latentes
Energia conecta almas errantes
Descrentes
Poesia sublima murmúrios vertentes
Ardentes
Em galáxias que revelaram vidas andantes
Inteligentes
Lentes ampliam as cores correntes
Permanentes
Muitos em uníssono entoam cantigas ardentes
Presentes

5. Teletransporte

O céu é negro entre os planetas
Faz a viagem escura e distante
Mas o coração não escolhe
Onde vive o amante
Amado homem que arde
Como o sol em ascensão
Como brasa pelo chão
Mão forte sorriso aberto
Olhar capaz de ler minhas inquietudes
Virtudes admiráveis de perto
Quem dera morasse ao lado
Ou pudesse ser teletransportado
A cada dia viveria o paraíso

6. Furacão vulcão

Furacão Furacão Furacão Furacão
Vento forte, muito forte
Arrasa o coração
De quem vê
Linda
Luz
É
.
.
.
É
Fio
Conduz
Imenso calor
Esquenta o coração
De quem sente caminhar
Vulcão Vulcão Vulcão Vulcão

7. Insônia na Lua

Nem calor, nem frio há
Apenas clima artificialmente controlado
Uma monotonia, de noite ou de dia
Nem inverno, nem verão, nenhuma estação
Apenas ar, meticulosamente condicionado
Mas a cama é fria, imensa, vazia
Frieza do ambiente não há, apenas das pessoas
Das presentes de corpo somente e das ausentes
Noites longas e tediosas, sem lareiras, sem prosas
Só existem redomas, enormes estruturas sintéticas
Ou pequenas casas, pequenas vidas, patéticas
A liberdade do relento, de ver a luz azul da Terra, nos foi tomada
Resta a liberdade do sonho, mas a cama fria e vazia não me deixa dormir.

8. Super mel

Mel fruta madura
Mistura cor, som, sorriso
Paraíso, jura

9. Revoluções

Era simples
Mas havia fome
Desigualdade
Uma única realidade
Lembrança

Reviravolta em um só nome
Virtual (realidade?)
Muitas realidades
Outro tipo de iniquidade
Mudança

Escravidão de corpos outrora
De mentes agora
Subserviência, conveniência
Dominação, continuidade
Herança

Universos complexos
Com vozes insurgentes, convergentes?
Imperceptíveis revoluções
Canções de pluralidade e solidariedade
Esperança

10. Homem-luz

Comando meus braços e meus pés
Obedientes, seguem meus desígnios
Sem desejos, sem vontades, sem viés
Pudera fazer o mesmo com meu coração
Porém, pelo homem amado, ele transborda fascínio
Desejo controlar o sentimento; desejo vão.

Será que um dia voltarei a possuir liberdade
Para ser feliz com outro alguém
Corpo e alma existindo sem ambiguidade
Com completude, unicidade, harmonia e paz
Ou será que hei de viver sem ninguém
Extraindo prazer menor de cada momento fugaz

Meus pensamentos são meus escudos
Mas nem mesmo eles puderam proteger
Deste caminho insano, intenso e agudo
Que o âmago do meu "eu" resolveu trilhar
Nuca houve correspondência entre mim e você
Apesar da esperança, jamais haverá

Ah! Ainda sinto esperança, tolice
Insanidade desgovernada e destoante
Você não me merece e sempre foi o artífice
Da mais amarga desilusão da minha existência
Entreguei o que eu tinha em uma paixão inebriante
Recebi traição, indiferença, desamor, incongruência

O universo, no entanto, ainda irá conspirar
Virá um indivíduo novo, devagar e imperceptível
Dentro do estereótipo sonhado? Quiçá!
Inteligente, carinhoso, amoroso, que seduz
Uma força para mudar o antes impossível
Emanando energia e poder, chegará um homem-luz

11. Calíope

Pode nada significar
Pode nada acontecer
Efêmero como a brisa
Poderoso como o mar

Um encontro definitivo
Não para a vida
Não ao destino
Reservado para inspirar

A deusa não é um mito
Vê quem não é míope
Gratidão, Calíope

12. Quase proibida

Longos cabelos longos
Quase proibida
Complexidades relativas
Hiatos, distâncias, ditongos

Beleza externa deslumbrante
Genética e disciplina
Recompensada pelos olhares
Dos admiradores em fila

Beleza interna surpreendente
Forjada pelo próprio esforço
Vitória sobre contexto oposto
Irradia luz, faz brotar sementes

Mas não responde, não corresponde
Demora, indiferente disfarça
Evita de perto e de longe

Será que algo sente?
Será que outrem há?
Ou apenas insegurança será?

Complexidades superlativas
Limitantes, necessárias, aborrecidas
Serão superadas, serão vencidas

Data de publicação dos artigos

1.	Avanços forçados	09.03.2021
2.	Nas nuvens	16.03.2021
3.	Mais e mais	23.03.2021
4.	Vende-se casa por R$ 3 milhões!	30.03.2021
5.	Inteligência artificial (IA) ou humana?	06.04.2021
6.	Computês	13.04.2021
7.	Generalização	20.04.2021
8.	Parabéns, Brasília!	27.04.2021
9.	Descubra seu futuro	04.05.2021
10.	O poder de poder errar	11.05.2021
11.	A Terra ficará radioativa!	18.05.2021
12.	O melhor seria investir em matemática	25.05.2021
13.	Universo restrito, mas muito interessante!	01.06.2021
14.	Do binário ao irracional	15.06.2021
15.	Dom de iludir	22.06.2021
16.	Carlos Alberto	29.06.2021
17.	Efeito oposto	06.07.2021
18.	Superficial	13.07.2021
19.	Usando o futebol como pano de fundo	20.07.2021
20.	Quando o propósito é o perigo	27.07.2021
21.	Libertação	03.08.2021
22.	Colcha de retalhos	10.08.2021
23.	Seu político vale tanto assim?	17.08.2021
24.	Enviesado	31.08.2021
25.	Privatização das empresas públicas de TI	06.09.2021

26.	O que o SARS-CoV-2, o iFood e as fake news têm em comum?	14.09.2021
27.	Tech skills e soft skills	21.09.2021
28.	Quem mexeu no meu porta-retratos?	24.09.2021
29.	A lembrança do que esqueci	28.09.2021
30.	Vygotsky e o Metaverso	05.10.2021
31.	Assim não dá, né, Facebook?!	13.10.2021
32.	*Panem et circenses*	19.10.2021
33.	Só sei que nada sei	26.10.2021
34.	3% (não contém spoiler!)	03.11.2021
35.	A privacidade em outra dimensão	09.11.2021
36.	Desconexão	16.11.2021
37.	Oh céus!	23.11.2021
38.	O avesso do avesso	30.11.2021
39.	A eterna inquietude humana	07.12.2021
40.	Os cachorros da minha rua	14.12.2021
41.	Jogar é preciso, viver também	04.01.2022
42.	A LGPD e os flanelinhas	05.09.2022
43.	Digitalização da política	28.09.2022
44.	Os incríveis e inacreditáveis Brasis	19.10.2022
45.	A Copa da tecnologia	30.11.2022
46.	Ei, metaverso, estamos indo, viu?!	13.12.2022
47.	Sim, utilidade pública	Inédito
48.	Cardápios virtuais	Inédito
49.	Lavar batatas é diferente de lavar arroz	Inédito
50.	O fim a partir do começo	Inédito

"Jeovani Salomão é um líder globalmente respeitado na indústria de tecnologia e um querido amigo de longa data. Ele captura de forma especial a essência de como a tecnologia é impulsionada e implementada, fornecendo exemplos claros de seu impacto sobre indivíduos e sociedades. Para mim, a mensagem principal que ele apresenta de forma tão clara é que, em muitos casos, a inovação tecnológica tem sido impulsionada pela motivação humana de melhorar a qualidade de vida para todos na Terra.

Essa mensagem tem sido negligenciada em uma era de mudanças tecnológicas sem precedentes, perturbações globais, mudanças climáticas, guerras, conflitos, pandemias de ignorância e política.

É minha sincera esperança que o trabalho pioneiro do Sr. Salomão continue a chamar a atenção para o impacto positivo da tecnologia no mundo, fornecendo um farol para futuros inovadores na tecnologia. Se os futuros inovadores fossem todos motivados pela necessidade de tornar o mundo um lugar melhor por meio da tecnologia, tenho plena certeza de que todos se beneficiariam. Meus parabéns e minha sincera gratidão ao Jeovani por este livro histórico..."

Dr. Jim Poisant
Autor, professor universitário, executivo na
Walt Disney Company, na Electronic Data
Corporation (EDS) e secretário-geral da World
Innovation, Technology & Services Alliance
(ITSA-2006-2022).

"A partir de experiências do cotidiano, o autor reflete de modo racional, leve e bastante inteligível sobre temas complexos numa leitura crítica da atualidade impactada pela interação homem/máquina.

O livro aborda a invasão tecnológica e sua resultante nas relações humanas e na sociedade. Aponta seus benefícios e os caminhos destrutivos gerados pelas distorções e pelo seu mal uso. Ao alertar para os riscos de um universo cada vez mais digitalizado, ele imprime sua visão de mundo de maximizar as condições coletivas com vistas a minimizar desigualdades e disseminar práticas do bem. Seus artigos evidenciam seu cuidado ético e sua orientação de que a virtualização da realidade deve estar a serviço da humanidade, com valores de honestidade, respeito, integridade e compromisso com a verdade."

Tereza da Gama Guimarães Paes
Psicanalista e diretora-presidente da Fundação Benjamin Guimarães/Hospital da Baleia.

"Da mitologia à física quântica. Dos cartões perfurados à inteligência artificial. Esta obra perpassa de forma magnífica, leve e descontraída temas relevantes ao debate do mundo moderno, suas tecnologias, seus paradigmas, teses e antíteses. A cada capítulo uma história, um aprendizado, uma lição."

Carlos Jacobino
Fundador do Intelit Smart Group - ISG.

grupo
novo
século

Compartilhando propósitos e conectando pessoas

Visite nosso site e fique por dentro dos nossos lançamentos:

www.gruponovoseculo.com.br

ns

facebook/novoseculoeditora

@novoseculoeditora

@NovoSeculo

novo século editora

gruponovoseculo
.com.br

Edição: 1.ª edição

Fonte: Minion Pro